紧急下班

Reclaim Your Time Off

Fab Giovanetti

〔英〕法布·乔瓦内蒂◎著
李菲◎译

江苏凤凰文艺出版社
JIANGSU PHOENIX LITERATURE AND ART PUBLISHING

序言

欢迎打破常规

对许多人而言，居家办公可能一直都是求而不得的梦想，2020 年，这一梦想突然成为现实。由于新冠肺炎疫情的爆发，几乎所有职员的职场生活都彻底改变了。不少人都待在家里办公了，而此前他们已经习惯于在办公室或工厂等地方办公。这无疑给人们带来了新的挑战。在居家办公的情况下，你该怎样设定个人生活和职场生活的界限？怎样维持生活与工作的平衡？

过去十年来，职场文化和人们对职业的看法改变得很快。我们现在几乎都知道了“副业”“兼职”，组合型职业已经司空见惯了。身兼多职已经成为常态，现在的职场可能是没有实际的办公室的。这带来了一个很大的好处：你可以根据自己的状态制订工作规划，当你觉得精力不济时，就可以选择去休息（而你的同事们并不会觉得奇怪），从而避免过于忙碌。科技让我们这一代人的工作比以往的人更加灵活，不过如今，人们要用更多的时间去完成工作任务，因此用来恢复精力的时间就越来越少了。然而，我们大部分人也都用这些越来越少的空闲时间来浏览社交媒体了，所以我们的头脑并没有什么机会去真正休息并恢复活力。

因为疫情，我们不得不开始在家里办公，因此生活与工作从未像现在一样密不可分。也许你会在视频会议中看到高管的孩子从他身上爬过，从而认识到这位高管的另一面。而参加视频会议时，你也可能会更加自信地去表达自己的想法，因为家里的环境会让你感觉更加自由、舒适。不过，这也有弊端。如果你没有正式的工作间，你的床就是你的办公场所，那会有多糟？你也可能没有良好的收纳空间，因此，你的家里乱糟糟的，这会影响到你的工作，让你的头脑也变得乱糟糟的，你该怎样让一切都为你所用、给自己划定界限而不让工作完全渗透你的家庭生活之中？这可能就会产生新的工作形态。我没有童话中那种能够看到未来的水晶球（不过要是有就好了），我不知道，我们的生活从长远来看会发生多大的变化，又能改变到怎样的程度。

无论你是自由工作者，还是大部分时间都在远程工作的雇员，现在你都不可能关掉电源，把工作抛下。联合国在2017年进行的一项调研显示，居家办公的人有41%觉得自己“工作压力很大”，而在办公地工作的人只有 25% 有同样的感觉。现在，我们最需要学习的是，居家办公时应该怎样划分工作和生活的界限，以保障工作顺利、生活幸福。我们必须培养自己的认知，并制定相关的规则来达成上述的目标。本书将就此进行详细分析并回答下面这个问题：

在现代职场中，真的可能实现工作与生活的平衡吗？

新冠肺炎疫情的发生几乎使所有人不得不面对新的工作环境。对那些多年来都想要灵活的工作时间、却因为没有信息技术或无法完成工作而不能这样做的年轻父母们来说，原本的工作时间已经被完全颠覆了。对渴望在自己的空间内按照自己的节奏来高效工作的我们而言，这次疫情给我们提供了灵活工作的机会。不过，这也可能会为工作“独行侠”

们带来长期都要面临的问题：工作空间、组织管理、沟通和积极性。长期来看，我们的工作和社交将得到改变，而我们对工作和生活的态度也会改变。

我们的职业生活和家庭生活之间的界限已经模糊不清了。职场文化以及人们对工作的态度改变得比以前要快得多。在本书中，我将向你们介绍自八年前我开始居家工作以来学到的经验教训，包括怎样建立新的工作模式、怎样平衡工作和社交生活等。本书为你提供了一张清晰的蓝图，帮你更高效地管理时间。此外，本书能够帮助你的远不止这些。本书能帮你调整心态，告诉你心态为何会是寻求平衡的决定因素。如果你想要做到“工作、生活两不误”，那就要学习如何充分利用自己的时间。

疫情迫使我们改变了我们的工作空间，并让我们认识到工休究竟是什么样子的。现在，你知道你想要的工休是什么样的吗？下班休息时，你会毫不犹豫地接听工作电话吗？也许，我们正面临着很重要的问题：工作中什么才是最重要的？我们的理想生活又是怎样的？直到 2020 年 3 月，此前从未间断过的工作被迫暂停了数月，这足以让我们去考虑实施新的工作机制和模式了。这次全球疫情将给我们带来长期性的影响，希望本书能帮你们快速适应这种新的工作模式。

法布 · 乔瓦内蒂

2020 年 6 月

前言

我们真的需要休假吗？

在回答这个非常重要的问题之前，亲爱的读者，你是勇敢的新冒险者，你渴望让自己的生活变得更加丰富多彩，我热烈地欢迎你跟我一起开启探索之旅。

先来介绍一下我自己，我是创意影响力集团的创始人。我们集团汇聚了许多致力于运用创意来对他人和世界产生积极影响的人才。我也是营销顾问、作家和热忱的企业家，可以帮助优秀的人重新认识他们与工作的关系，并让他们明白，平衡工作与生活是多么重要。讽刺的是，包括我自己在内，很多人都倾向于将所有的事、所有的人看得比自己重要。当然，工作也比自己重要。我花了很长时间才认识到，我与工作的关系很不健康。我们往往对一些道理心知肚明，但需要强有力的提醒才能使自己认识到。

本书关注的重点就是如下这个问题：

我真的需要休假吗？

我的工作就是与不同的企业、不同的人打交道，去给他们做咨询。不用说，我处理的问题归根结底都是有关时间管理和工作效率的。关于“我真的需要休假吗”这个问题，曾经就有两名客户咨询过我。这两名客户，一个是营养饮食店铺的老板，一个是私人健身教练。我也提出了一个令他们感到意外的问题：“休假这种想法，让你有什么感受？”

他们都觉得在休假时，大脑难以切换状态，担心休假会错失时机，把握不住好的创意。

这听起来是不是很耳熟?

这的确引起了我的共鸣，让我认识到，处理工作的时候，我们需要改变自己的心态。这个社会历来就鼓励努力工作：忙碌是荣誉的象征。如果你还没有累到精疲力尽，那你是否还会继续去忙？你累到倦怠了，就要承担被别人认为是懒汉的风险，我们都怕“懒惰”。讽刺的是，适度的休息的确会对你的工作有益；事实上，有研究表明，每天都有必要给自己一点时间休息，来缓解工作带来的心理压力。研究表明，那些通过工休让自己更放松的人，对他们的生活满意度更高，即便是再度投入工作中，感受到的心理压力也相对更小。

只有那些真正缓解了压力（心理上、情绪上和生理上）的人，才能在重新开始工作的时候专注投入。这就跟我们的肌肉一样，我们的头脑也需要休息和放松。很多人在工作繁忙的时候却很少休息（因为他们觉得休息会产生罪恶感）。这样我们就要一直集中精力，绷着一根弦儿。可是，想要让自己的工作更专注、投入，你就需要休息。

你不要不以为然，请先让我说完。我在任何时候都会做好准备，在移动设备的备忘录 APP 和写作 APP 上记录下我脑海中涌现出来的好创意。不过，我并没有将所有的创意都付诸行动，我只是有选择性地去做，这大大减少了我的麻烦。

那么，“休息”这个词是什么意思？现在，我仍然要出于某些理由阅读小说和教育方面的图书，你可以说这是出于我的工作需要，因为我是个作家，我以此来滋养我的大脑。但我认为，当我阅读这些书时，其实就是在休息，因为它能让我感到愉悦。如果你是个瑜伽教练，休假期间还想去上瑜伽课，我才不会干涉你。休息并不意味着躺下来睡觉、什么也不做，而是意味着优先做你想做的事情，不要去管那些应不应该、必不必须做的事情，要专注于做好手中的事情（不是专注于你做了多少事情）就行了。

如果这听起来很难做到，那不要着急——本书会教你怎么做。我们将在本书中探索，在一个工作和生活密不可分的世界里，把握工作与生活的平衡的重要性。你将了解到怎样休假、怎样来平衡工作与生活，从而过得更健康、更幸福。本书将教你核查你的工作情况，让你明白你哪些方面做得还不错，哪些方面做得还不够。

什么是工作与生活的平衡？

我们每个人的生活都不一样，生活方式和事情的优先排序也都不一样，因此我们每个人工作与生活的平衡度是不一样的，也会根据事情优先排序的改变而改变。例如，与少女时代相比，女性刚成为母亲时，对工作投入的时间可能就会大大减少。工作与生活的平衡度是不断改变的，职场生活与非职场生活并不是完全“对等”平衡的。不过，每个人的一生都需要把握好工作与生活之间的平衡度。

琼·科福迪莫斯在她1993年出版的《维持平衡》一书中，对工作与生活的平衡做出了如下定义：“一种令人满意的、健康的、富有成效的生活方式，包含了工作、玩乐和爱，并将一系列关注自我和精神成长的活动结合起来，表现了个人独特的愿望、兴趣和价值观念。”

英国商业、企业和改革部这样定义工作与生活的平衡："调整工作模式，使所有人，无论他们的年龄、种族、性别如何，都能把握住工作节奏，以确保他们更容易将工作与其他责任和抱负联系起来。"

所以，简而言之，职场生活与非职场生活若没有健康的互动关系，人就会失去工作与生活的平衡，就会感到烦躁不安、不知所措，就会焦虑和担忧。如果你遇到这样的状况，欢迎你通过本书来寻找解决问题的办法。本书就是为你而写的，我已经等不及要来帮帮你了。

本书有什么值得期待的？

本书第一部分将聚焦这个问题：我们究竟为什么需要休假？在这一部分中，我们将探究组合型职业（综合自身各种技能和专长，从事多份兼职的新职业类型）的兴起；我们将探讨我们为何会过度工作，以及我们为什么是倦怠的一代；我们将探讨什么是成功，我们想要的成功是什么样的，以及为什么倦怠感对你有益。

在第二部分，我们将研究那些渗透进生活中、影响我们的工作和生活效率、让我们不断浪费宝贵时间的坏习惯，以及我们该怎样避开这些干扰因素，培养一劳多得的行为习惯。我们还会认识到设定切实有效的工作与生活的界限的必要性，学习在工作中说“不”的技巧。

第三部分里，我将介绍一种在工作中三步走的方案：简化、委派、自觉完成。这部分内容将教你怎样更高效地完成自己的工作任务，并让你明确你工作的“黄金时间”是什么时候。你将认识到，该怎样让工作环境和工作内容对你有利。你将会知道，该怎样委派工作任务，怎样领导团队，怎样雇用新人，怎样与同事们高效合作完成工作。最后，我们就会进入一个奇妙的自觉完成任务的状态，并学会一些能让你避免浪费时间的工作技巧，从而更加高效地完成工作。

这里简单地回答一下我们最初的问题：是的，你当然需要休假。本书将教你如何重新利用你的休息时间。

我应该在休假的时候做什么？

以财富大亨比尔·盖茨为例，他就为自己划定了“思考周”，其间他会完全推掉工作，不与外界接触，让自己独自思考、学习和休息。他承认，他给微软提供的好点子，都是在这些休息和恢复精力的思考周里想出来的。同样，美国国家玩耍（互动游戏）研究院的创始者斯图亚特·布朗，通过研究六千多人的玩耍历史，得出结论：玩的确可以改善一切——从个人的幸福到人际关系，从学习到企业组织的创新潜能等。作家格雷格·麦肯在他的书《本质论》中探讨了利用空闲时间的重要性。正如麦肯说的那样，“非常成功的人将玩耍当作创意的必要来源”。所有顶尖技术的创新者都在说，他们从不使用自己创造的社交媒体软件，因为它们浪费精力、时间，还会影响人的心理健康。他们还禁止自己的孩子用这些社交媒体。

我这样说，是想让你利用休息时间来激发你的创造力吗？甚至更直接地说，我是要告诉你应该怎样休假吗？绝不是这样。你是个成年人，我相信，你对休假会有自己的想法。我能告诉你的是，你利用休假时间所做的事多半能够镜映你孩提时代所喜欢做的事。

我小时候没有手机，也没有像如今这么多的电视剧集和节目可看，我大多数时间都在外面玩，这样我的父母就管不到我了。如果我就在家附近的公园里玩，我的父亲或母亲就会在吃饭的时候站在阳台上叫我。放假的时候，我更愿意去读如《鸡皮疙瘩》这样的书，或写故事，或用我母亲的旧摄影机拍摄视频，而不是参与社交活动。不过，我也喜欢跟我祖父一起去郊外散步、探险。

通常，祖父会背上他的故事书，带着我去山里捡拾浆果。回家后，我会用我的玩具小微波炉（但是功能俱全）“帮”妈妈烹饪食物。小时候，我最喜欢读书、写作、探险和烹饪。长大之后，在不用工作的空闲时间里，我最喜欢的休闲方式是什么呢？是的，你猜得没错：读书、写作、探索发现和烹饪。

你在工休时间喜欢做的事可能跟我完全不一样。我的意思是，在休息时你不要总是用电脑查邮件和资料，而是要让你的大脑得到充分的休息。现在，你应马上找出是什么使我们陷入忙碌的生活状态之中，是什么让我们迟迟不离开办公室（更糟糕的是，“多亏了”我们的笔记本电脑和手机，我们总会将家里的客厅当作办公室）。

我的“三步走”蓝图将简化你的职场生活，帮助你规划好自己的工休时间。不要担心，我不是要你禁用社交媒体，不是让你扔掉手机，不是让你去遥远的山巅放羊。我是要让你将自己放在第一位，让你意识到自己比工作更重要——这可能会让你震惊，让你害怕。在本书中，我会让你思考，工作与生活的平衡对你来说意味着什么？你认为最理想的工作状态是什么样？无论你是给他人打工还是经营自己的事业，这本书都适合你来读。我可以说，这本书适合绝大多数人。

开启探索之旅

既然我已经引起了你的兴趣，那么现在就要进入正题了。首先，我想向你介绍一位新朋友：日记。如果你还没有写过日记，那么我在这里鼓励你先去买一个漂亮的日记本。加油，你可以的！在本书中，我不仅会告诉你我为什么喜欢写日记，向你介绍各种奇妙的利用日记的方法（包括晨间日记和感恩笔记），我还想要跟你探讨一下，怎样将日记作为情感、思想、精力发泄的出路，以反思我们在本书中谈论的内容。我希望你能听取我的提议，并真正运用到你的生活中去。

记录想法的人不止我一个。在《思考，快与慢》一书中，作者丹尼尔·卡尼曼介绍了两种做决策的方式：一种方式很理性，却需要努力才能做到，这种方式需要我们不断去努力改善；另一种方式是感性化、习惯化的，我们下意识就会去做，也是真正影响到我们生活的方式。

写日记的好处在于，你总能够理性地去审视你的思想和感受。这样产生的实际效果就是，你将会重新调整自己的想法，且会变得更理性。我希望你在写日记的时候也能够不时停下来思考，就像你在工作时暂停一下，趁机记录下你的想法和感受一样。

任何时候你都可以在日记里记录下自己当时的问题。

提问的作用

让人得到启迪的不是问题的答案，而是问题本身。

——尤金·欧内斯科

提问是我最喜欢做的事情之一。在客户向我咨询的时候，我总是会问关键的问题来帮助客户反思他们当时的情况。提问有助于唤醒他们的自我认知，不过我总认为，提问对于自我的成长既有益处也有弊端。

疑问是无可隐藏的，疑问会提醒你进行真正的思考，无论你是否愿意分享（或说出）答案，它都将让你的大脑开始思考——并最终找到答案。

在本书中，我将会问你很多问题。我重申一次，我会问你很多问题。提问的作用很大。我们从心理咨询师那里寻求帮助和支持是有原因的：他们提出恰如其分的问题来帮你疏导。有时候，如果他们不知道要问什么，他们就会问出那个最简单却最有效的问题。不给你提示，你能猜到是什么问题吗？啊，你猜到了。

这问题就是：为什么？

“为什么”这个问题是你可以提的最重要的问

题，你可以问任何人这个问题，包括你自己。那我来问问你，你现在为什么要读这本书？为什么你千挑万选选中了这本书？我私心里是希望你们会被我的名字迷住，看到我的名字就非常想要来认识我。的确，这个问题每个人给出的答案都会不一样，每个答案都是不同寻常的，我猜不着的。（我只知道我妈的答案——她虽然看不懂英语，但还是买了这本书来支持我。家人的支持是永久的支持。）

我希望，你买这本书是因为你脑海中有明确的目的，可能是想减轻工作负担，缓解工作时的焦虑；也可能是想让你更满足于自己的工作，简化你的生活；还可能是想要建立自己的工作模式，或者是改变团队的工作氛围。我之所以写作本书，是因为我是个正在调整工作状态的工作狂。我在创办、管理并发展三家企业的时间里，也在努力委派工作，改变不同工作任务的顺序，放手一些不需要我亲力亲为的工作。

我认为很忙碌的日子已经过去了，不过生活是永无止境的。之前，我跟一位商业伙伴在讨论下个月的内容创作和工作日程。当我列出我们需要忙的工作时，那位伙伴拦住我，说："法布，我知道我不怎么守时，我需要你来帮我改正这个习惯，不过你有时候不会安排他人来帮你完成工作，我可以提醒你怎么做。"

是的，我那时又变成了活脱脱的"工作狂"了。值得庆幸的是，我身边总是有很多优秀的人向我提供帮助。我也给自己创造了一个对自己很有帮助的工作体系，我将这一体系教给了很多企业管理者、雇员和自由职业者。现在，我要来教你了！这一体系很简单，只需要三个步骤（以及一些需要注意的地方），我们一起来学习吧！

我希望本书能帮你应对自己的工作和生活。也许你在这一周想要测试一种灵活的工作模式，看看这种模式是否有效；也许你想要整个周末都不工作，想要让周日的晚上不因第二天的工作而紧张。我写本书不是要告诉你应该给自己提怎样的关于“为什么”的问题，而是想要告诉你，我们都能够问自己有效的问题，如工作与生活的平衡对你来说意味着什么？我们能怎样帮你把握工作与生活的平衡？

你上次闻玫瑰花香是什么时候？

在进入正文之前，我还想与你分享一个小故事。你上次停下脚步，去享受春日的玫瑰花香这样简单的快乐是在什么时候？我是千禧一代（出生于 20 世纪，并在 21 世纪后达到成年年龄的一代），但仍然记得小时候摆弄（很可能吃了）草的时候，那草叶所散发的芬芳。这是一段与大自然亲密接触的记忆，也是我所珍藏的记忆。我很喜欢观察，总的来说，我倾向于将自己的生活经历与具体的形象、气味和声音联系到一起。

事实上，我记得很清楚，上一次我看到了一片绿油油的草地，它让我思考生活中真正重要的是什么。因为我所说的闻玫瑰花香，可不只是闻花香那么简单，而是隐喻我们要关注当下，学会欣赏我们所拥有的，学会欣赏我们自己，学会享受我们所做的事，而不是只期待接下来要发生的事。那时，我面前的草地中间有一个墓穴，里面满是泥土，一个简陋的木头十字架矗立在墓穴前面。

泥土之下的埋葬者，是我最爱的朋友。他是农场里的一个男孩，他想要让自己的遗体葬在山间，因此我们一群人陪着他的家人去送他入葬。我就坐在那里，看着山里的土地，观察着周围的一草一木，好像这样能够填补我心中的空缺一样。

悲伤是很奇怪的，它总是能让我们清楚地认识到我们最需要意识到的事情。我们需要提醒自己（我几乎每天都在提醒自己）生命有多长，并不是我们能决定的。我们能决定的是要怎样度过自己的一生，是活在过去、活在当下，还是活在未来。

我不愿意承认的是，我之前一直是活在未来的。而且在这一点上，我表现得很突出。

当我坐在那个木头十字架前面的坡沿上，我发现大家似乎都忘了一件事。自工业革命以来，技术推动了我们的经济文化发展，人们逐渐发现，健康成了我们的财富……而现在，时间对我们来说非常宝贵。我们总是想要竭尽所能地节省一些时间，但节省出来的时间要用来做什么呢？“时间就是金钱”这样的理念让我们觉得时间是稀缺物，以至于我们必须要明智地使用它：我们若是觉得自己没有充分利用好时间，就可能会变得焦虑。这就是我们不假思索地珍惜时间的原因。

花半个小时的时间，以“关注自我”的心境去休息，真的能够让我们为未来一周的工作“充足电”吗？我并不是说每个人都需要这么多时间来“充电”，我认为每个人都是不一样的，所谓工作与生活的平衡对每个人而言也是不一样的。然而，你应该花一点时间，仔细核查你现在与工作的关系，这能够帮你创造一种适用于你、并改善你的幸福感的工作模式。用作家托尼·罗宾斯的话说，如果你不采取行动，那么什么事都不会发生；如果你不做出改变，那什么都不会变。如果你熟悉像本书这样的自助书籍，想要去实现自己的潜能，你就要问问自己想要的理想生活是什么样的。

因此，我这个“三步走”蓝图的发明者要问问你：

你理想的工作周是什么样的？

你理想的工作周可能与你现在体验的实际情况完全不一样，但也许因为读过本书，你可能会想要做出一些改变。为此，亲爱的读者，我要向你致意。

我能给你如下的承诺：我保证，你可以在本书中直截了当地探索很多重要的问题；我保证能帮你重新调整你的工休时间。如果有人说，我不能改变你们对待工作的方式，那么又有谁能改变呢？

目录

第一部分　回归问题，紧急下班

第二部分　解决方案

第三部分　“三步走”蓝图

第一部分

回归问题，紧急下班

无论你在哪里工作，请一定全身心投入。

——职业教练丹·苏利文

○ 第 1 章

为什么问题始于我们

当代社会赞美勤奋工作，不过“勤奋”究竟是什么意思？我们为什么沉迷于待在办公桌前？出勤主义（员工因担心工作没做好而不得不多出勤或延长加班时间的行为）仍然盛行，甚至在疫情发生之时，我们也仍然认为，工作效率高者必定是花了大量的时间进行工作的。即便工作繁重到无法承受，我们也倾向于长时间工作，直至精疲力尽。不过，我们虽然工作时间长，但效率低下、常犯错误。所以，我们将减少工时、提高效率作为新常规会怎么样？

关注身体至关重要

通常，成就超凡者都是积极进取、发愤图强、有抱负且容易筋疲力尽的，因为他们不容忍做事没有成效。

我现在要告诉你一个小秘密：我讨厌生病。

但命运却给我的人生带来了一个有趣的转折，过去的两年是我最为忙碌的两年，但我在这段时间生病了，而且经常生病。随后，我熬过病痛和疲惫后，终于体验到了休息的乐趣。当头脑在高速运转时，你难以接受身体发出的警报并及时让你的头脑停止工作——这很难做到。我们的身体就是这么敏感。

那时候我一直卧病在床，大部分时间都在读书，喝了很多生姜柠檬茶，晚上 8 点就睡了。没有那一段时光，我也无法把握住我所需要把握的平衡。

我并不是在说，你只有到不能正常工作，甚

至到将死之时才能找到工作与生活的平衡所带来的积极作用。不过，工作的时候我们很难花时间去关注自己的身体。我们的头脑和身体断开了连接，锻炼只不过是为了维持身体机能。我们的正念时间被仔细编程成了一个应用程序，夹在喝咖啡和通勤工作之间。我们所做的所有事都是有目的的——我们的任何探索发现都不是出于纯粹的好奇而去做的。在我们被迫停止工作、放下所有事情后，我发现，若我们的身心能够得到充分的休息，我们的头脑就会给予我们更多的反馈。尤其是现在，我们不是只在病假时才在床上办公，大部分时间都能做到，有些人也的确在床上办公。病假就像是计划外的休息日，你会无理由地对那些你还未完成的工作量感到焦虑。

如果我们只是来上班，却并不注重上班时所做的事，这会让我们感觉更好吗？

这就是我们沉迷于工作的理由——我习惯称这种人为“工作狂魔”。你可能要问，这个词是什么意思？我在网上查了这个词，定义如下：

痴迷于让自己更努力工作，让人们敦促你更努力工作，并宣扬你工作有多么努力。

这段文字读起来会觉得有点极端，但是其中的一些观点确实说出了我们的心里话。勤奋工作是必要的——不过休息也是我们希望得到的。我们不应该盲目迷恋努力工作，更不应该以牺牲自己的健康为代价来努力工作，因为当我们真的生病，我们就无法勤奋努力，全力投入工作。

宣扬我们工作有多努力、有多勤奋，以过度工作为傲，这是不可持续的做法。一位客户曾这样告诉我：“我过去一直以13年来没休过病假而骄傲，现在我说起来就感到羞耻。”总而言之，我认为我们都应该多休息几天。我们应该遵从身体给出的信号，并感激它。

基于这种认知，再加上要善待自己的观念，我总是会在忙碌的时候偷闲（搬家，因个人原因外出度假等）。现在，我把这些偷闲的时间通过日记的形式记录下来，这珍贵而短暂的时光缓解了我的身体疼痛和精神疲劳。过去，我是个勤于工作的人，平均每周工作时长为60个小时。不过，我现在找到了一种新的工作模式：我用心平气和代替了不耐烦，以自尊自重代替了焦虑不安，以自然发展代替了奋力追赶——这一切都多亏了我在病床期间获得的感悟。

当我关上笔记本电脑时，会发生什么？

你上一次是在什么时候关上了你的笔记本电脑？只折合笔记本电脑屏幕，使其进入睡眠模式，准备第二天随时开机，有这种习惯的只有我，还是越来越多的人都有了？在很长的一段时间里，我都因为自己的这个习惯而感到内疚。

我写本书初稿时，突然发现，我可能有近 6 个月的时间没有关机了。我并不以此为傲，相反地，还有点儿以此为耻。不过，我只是养成了这样的习惯，保留之前工作用的应用程序，电脑保持待机，第二天随时可用。这种习惯促使我做了一个试验。一天，我鼓起勇气关掉了我的笔记本电脑。

看着电脑屏幕逐渐变黑，我才意识到自己有多久没有好好休息了。不过最糟糕的事马上就来了，第二天我就遭遇了一件最难以接受的事情……我无法忍受等待电脑下载文件完毕的时间，下载的速度太慢了。我浑身的血液都沸腾了，因为我正在遭遇考验。有意思的是，我也被自己突然的怒火吓到了。亲爱的读者，相信你在遇到问题的时候，也会有类似的感受。

随着不停摆的工作，我的血压不断升高，我渐渐明白了一个事实：我们是无法“关机”的一代，我们有时候无法缓解焦虑。

我几乎能听到头脑中的这个声音：

你知道不关掉笔记本电脑，早上就能节省44秒的时间吗？

不过，我们的头脑一直不休息会怎么样？我们不关闭笔记本电脑和手机真的值得吗？我们很容易就能发现我们与笔记本电脑的相同之处：从不停工。

我们一睁开眼就马上拿起了手机，上午就这样开始了，我们一边喝着这一天的第一杯咖啡，一边查看电脑上的通知，工作时间过了之后我们查看邮箱，也许做晚餐的时候会做一份明日的工作日程表。

我之所以说有时候痴迷于工作是一个问题，是因为我们这个社会有这样一种观念，就是把休假当作“必要的坏事”。我希望能改变这种观念：“没有休息日”“你休息就输了”“生命不息，努力不止”……在深入了解你该怎样简化你的生活之前，你要开始想想做出这些改变的理由了。

如果你跟我一样只是为了好玩，把笔记本电脑关掉了，会怎样呢？

在工作日的早晨，你能花上两到三分钟耐心地等待你的笔记本电脑醒来吗？将这种行为当成工作习惯怎么样？也许你可以趁着电脑开机的时候冥想几分钟，让你全身心地投入工作？

不可能！

我能想到你会这么说。

真是荒谬！

角落里传来了这样的附和声。

那么，我跟你打个赌。今晚关掉你的电脑吧！我保证你的电脑和你的大脑都会感谢你！

○ 第2章

反朝九晚五的工作案例

在正文开始之前，我们先来看一下歌手多莉·帕顿的话：

朝九晚五，这是怎样的谋生方式啊！

不久之前，我决定进行这样一次试验：把主要的工作时间改成从早上7点到下午3点。这样，我的工作时间就减少了——实际上可能减少了一半——不过我的工作量却没有减半。我个人并没有将被动收入当作实现财务自由的好方法，虽然我确实认为被动收入是收入的来源。然而，我从来没有主动停止工作，因为我爱我的事业。老实说，对我们许多人而言，完全放弃工作并不实际，毕竟我们还是得吃饭，不是吗？不是所有人都有选择工作与否的权利，我们不得不努力谋求生存。不过，近年来，我们平均的工作时长通常可达每周60个小时。在这么长的时间里，我们是真的一直在“忙工作”吗？或者仅仅是“在上班”？

我们以狩猎为生的先祖们每天“工作”约三到五个小时。在工作时，他们非常努力——应对危机，寻找住处和食物，但不需要主动寻求其他的工作以填补工作之外的空闲时间。他们只需要按照对食物、住处和当时“正常的作息”的基本要求所设定的节奏而生活。然而现在，我们通常看不到工作之外的生活。工作将我们牢牢束缚住了，占据了我们的全部时间。

如今，许多人可能为了身体健康而不再一周工作 60 个小时了，但是仍然在为了工作拼命。20 世纪 50 年代，美国伊利诺伊州理工学院对科学家的工作情况进行了一项调查，发现在工作地工作 25 个小时的科学家们，工作效率并不比只在工作地工作 5 个小时的科学家高。每周工作时长为 35 个小时的科学家们，工作效率只有每周工作 20 个小时的同行们的一半。那些每周工作 60 个小时的科学家们是工作效率最低的。“在工作”和“真正在工作”似乎并不是一回事儿。

简而言之，工作时间越长不等于工作效率就越高。根据一项研究，76% 的工作者认为，他们更愿意接受工作时间灵活的职位。这也是为什么如果我们在家办公，就会出现全天候的工作心态，那我们就有不断承受工作压力、不断因工作而感到焦虑的风险。

我们认为，反朝九晚五工作模式的理念是近现代才开始有的，然而事实上，这种观念出现的时间比你想的要早得多。你肯定知道查尔斯·达尔文，他是现代进化学理论研究之父，也是《物种起源》一书的作者。但你可能不知道，达尔文可谓是他那个时代的蒂姆·费里斯（美国知名的创业家和演讲家，“每周工作4小时”观念的首创者和成功实践者，致力于寻找最高效的学习与工作方式），总是在努力以最少的时间创造最多的成效。他不去加拉帕戈斯群岛观察陆龟时，平均每天会花4.5小时来工作，其他的时间就去散散步、小憩、处理信件并享受家庭聚餐。

作家查尔斯·狄金斯和史蒂芬·金，数学家亨利·庞加莱和G.H.哈迪都以每日工作4至6个小时而闻名。1926年，美国实业家和福特汽车公司创始人亨利·福特，就对自己公司的员工进行了一次试验。他将他们的工作时间从每天 10 个小时减少到每天 8 个小时，每周工作 6 天减少为每周 5 天。结果，他发现员工们的工作效率提高了。

商业圆桌会议在 1980 年的一份报告中指出：无论是从短期还是长期而言，你连续工作的时间越长，工作效率和工作能力就会因身体疲累而降低。原文如下：

每周工作 60 个小时及以上的工作模式持续超过约两个月后，生产力减少的累积效应就会使工作延时，且比每周工作 40 个小时的工作模式延时更长。

我们必须要让主要的工作时间为我们所用。那么，就让我们来说说怎么提高工作效率以及珍惜睡眠、休息时间的重要性。

以自己的节奏工作

从理论上而言，每天早上 5 点起床是很棒的习惯（比如有更多的时间来写作、阅读、冥想……甚至能完成更多的工作），但是我真的无法做到每晚 8 点入睡。优先考虑我的睡眠时间对我来说是毋庸置疑的，对大多数成功人士也是如此。如果你仍然想要每天早起，那么就应该考虑多小睡几次。达·芬奇每天小睡很多次，晚上的睡眠时间就会少一些；肯尼迪总统每天都在床上吃午餐，吃完就午睡；英国前首相温斯顿·丘吉尔的午睡时间是固定的，他认为午睡能让他的工作效率提高一倍。

我小时候就不爱午睡，这让我的父母很烦恼。而且午睡这种事儿，我现在都做不到。我曾经想要将我的工作时间调整为上午 8 点到下午 4 点，但是我没有这么做，我决定在午休时多做做运动，或者增加冥想的时间。每天下午 3 点到 4 点，我会习惯回顾这一天的工作，删除过期的电子邮件，并为第二天做规划。当然，我定的时间不见得适合其他人。当我发现我的黄金工作时间是上午，我就开始更加认真、高效地去利用这段时间。这样，我下午就有更多的时间去玩啦！

事实上，大部分人现在仍然遵从着朝九晚五的工作模式，这种模式已经渗入了我们的文化之中，被我们认定为最合适的工作模式。大部分老板都希望，员工们在工作日的上午 9 点到下午 5 点之间都能工作。相反，作为员工的我们越来越希望工作少一点，工资高一点。那么，我们是否需要以一种不一样的方式去衡量工作效率，而不是用实际的工作时长来衡量呢？之所以会提出这样的质疑，我们可能要归咎于蒂姆·费里斯在 10 多年前掀起的“每周 4 小时工作制”热潮，还因为现在许多人都开始自己创业并开启适于自己的工作模式。这也导致越来越多的年轻父母希望在抚养孩子的同时，探索全新的事业。因为传统的工作环境往往要求人们牺牲与家人相处的时间来使自己在工作上获得重视，从而在职业上获得成功。

企业家精神和副业的兴起，再加上新冠疫情的发生暴露了一个事实，即这种朝九晚五在办公室工作的模式都是基于“工作效率与在办公室的时间成正比”这样一种观念。但其实这并没有什么事实依据，却不可逆转地改变了我们重视工作时间的方式。

按我的经验来看，如果你想更好地管控自己的时间，那么设定自己的工作时间时，工作量并不是你要面对的唯一问题（如果你是雇员，这一点可能并不是那么简单就可以解决的。但如果这对你来说很重要，你可以跟你的上司说一说）。在朝八晚四的那两周时间里，我学到了如下的经验：

你需要严格安排好与你的团队和客户进行沟通的时间：你在会议和通话时越有条理，那么你的用时就越少。团队人数越少，彼此沟通、核对工作就越容易。不过，因为我们的工作时间有一点出入，我们就有必要确定一下交接、核对工作的时间，也不要忽视每周的团队会议。

除了面对工作团队、上司和同事，你可能还需要面对客户，如果你不够细致，他们的日程安排就会影响到你的工作。查看一周的总体情况，为某些特定的事项分配特定的时间是至关重要的。你可能需要灵活一点，不过提前计划并坚持总体安排总归是一个好主意。相比在同一时间内做多个事项，我发现为特定的事项去设定时间会更容易完成。你可以设定“客户日”，明确规划好各种事项的完成时间。

别人可能难以接受你的时间安排，在对待工作这件事上，我们似乎都持有“永远在线”的心态。事实上，生产力高的国家，反而工作时间短、收入多。卢森堡人每周工作时间只有 30 个小时（每周工作 5 天，每天工作 6 个小时），平均收入却比工作时间更长的国家的人要多。

不过，你可能并不住在卢森堡，可能已经习惯了要长时间工作才把事情忙完。我只是给你一个提醒：别人可能会难以接受你的时间安排。在某种程度上，人们都希望你按照他们的时间安排行事，很可能是因为他们认为他们的安排是唯一可行的。

如果你想要每天下午 3 点下班，但有人在 4 点时给你发来了工作邮件，你可以有三个选择：

1. 你马上回复他们，对方会觉得你总会工作到下午 3 点以后；

2. 你第二天上午再回复他们，让他们知道你下午 3 点后就不会工作了，且你第二天一开始工作就可以帮助他们；

3.设定一个自动回复，告诉他们你的工作时间，并承诺他们：一旦开始工作了，你就会及时回复他们。

设定界限是必要的：写作是我工作的一部分——可能每周要花四五个小时来写作。我的写作时间是不容更改的。为此，我设定了明确的界限来确保写作时间不会被其他事情所占用，包括处理邮件、通告以及和我的团队交接工作。

我这样做可不只是调整时间，因为我还发现自己正在改变对工作文化的认知：你想要创造一种怎样的工作文化？对我来说，使用监控监督员工工作是不健康的。当我们主要根据实际花在工作上的时间来获取报酬时，监控就无能为力了，这也是自由工作者不能以小时计算工资的原因。诸多研究证实这是我们的观念需要改变的地方（以及我们该如何重新定义成功）。

组合型职业的兴起

我是在 16 岁时正式开始工作的，主要的工作内容是辅导小孩子，教授英语。我总是喜欢让自己忙碌起来，让自己充满活力。在我的生命中，我似乎从来没有不知道自己想做什么的时候，没有什么是我不能做的。我教过书，后来又成为当地一家旅行社的营销顾问，我还曾在夏季摘水果，就为了可以买新的笔记本。我总是在做全职工作的同时，去兼顾另一份职业。

我曾经想成为一名音乐记者，但音乐发行公司不给我钱，只会给我一些演唱会门票和唱片。在工作几年后，我才开始发现事业要长久就必须要有持续的收入。然而我那时年轻，只想埋头干活，我想要当全职作家，因此我写作，然后兼做家教，还帮我的姨妈整理账单、发票来赚取零花钱。

所以，我在“组合型职业”这一词出现之前就体验过这种职业了。

在过去的 5 年里，职场文化确确实实改变了。越来越多的“Z 世代”年轻人（1996 年至 2000 年出生的一代）开始通过网络进行谋生，而且做得相当成功。这一点也反映在我们的学术领域：大部分专家就是通过网上学习来获得大学学位的。2019 年，《福布斯》杂志发表的一篇文章指出，根据市场预测和研究显示，网上教育所带来的收益将在 2025 年达到 3250 亿美元，是 2015 年的三倍。

此外，雇员们总是向雇主们提出工作时间要灵活，工作要看成效的要求。就我个人而言，我只要允许我的团队成员拥有灵活的工作时间，他们的幸福感就会大大提升。然而，就和任何新事物一样，这样做也是有代价的。也就是说，若我们缺乏周密的安排，就无法有条理地完成工作。

我没有获得商学院的学位（尽管我参加了网上商学院的课程），但我必须学习怎样管理好自己的时间和工作——我现在仍然认为，这是任何商业课程都无法完全讲透的。对于那些已经习惯了被上司时刻盯着的员工和习惯了在工作时间通过监控来监视员工的企业领导来说，新冠疫情的流行的确给他们的传统生产力输出带来了麻烦。企业领导需要培养对员工的信任，让他们有史以来第一次脱离监控，独立完成工作，员工则需要建立起他们之前没有过的全新的工作制度。我以前开过一门名叫“好好把握你的时间”的课程，如果说我学到了什么有关工作效率的经验，那就是：你需要不断地改进和训练提高工作效率的技能。

休息的艺术

被忽略的另一项关键技能是好好休息。亚里克斯·索勇·金·庞在他的《休息》一书中，指明了这一点：

我已经说过，我们应该平等地对待工作和休息；我们应该将好好休息视为一种技能；最能恢复体力的、最好的休息方法就是主动去休息；只要休息得好，我们就能更有创意，工作效率也会更高，而不是强迫我们自己像哈哈镜一样面对无穷无尽的工作和不断上升的期望。认真对待休息，不仅仅会让我们变得更有创造力，当我们利用好休息的权利，让自己真正学会好好休息时，我们的生活也将会变得更加丰富且充实。

跟他人谈及本书中介绍的理念时，我遇到的反对意见之一是，它是否会受到热衷于忙碌的工作者的反对。不过，正如我们所见的那样，有明显的证据证明，工作时间更长并不代表工作效率更高，也不代表在工作上就更成功，因此热衷工作不应成为人们向同事和上司炫耀的资本（例如，有的员工会说“我是最累、最辛苦的，因此我也是最成功的”）。

《赫芬顿邮报》创始人阿里安娜·赫芬顿的成长公司（Thrive）的创始理念就是，工作更少能有助于提高我们的表现力和整体的幸福感。现在，人们越来越重视健康和幸福。某项调查结果显示，从 2015 至 2017 年，企业在健康方面的投入每年增长 4.8%；预计到 2022 年，健康行业的净资产将翻一番。

我经常回想这样的案例：当你老了，不再需要去工作时，你想要在人生的末日回忆人生之途的哪个阶段？你会深情地回想起处理电子邮件和赶忙去参加迟到的会议，还是会回忆你因为工作而得到了你想要的生活？我认为，工作与生活的平衡是一个古老的概念，与我们现在的工作文化环境格格不入。我们看待工作的方式与我们祖先已经完全不同了。

我们现在是时候去坦诚地谈谈工作与生活的平衡到底是什么样的了。显然，我们真正渴望达到的目标是拥有更充实、更切实、更日常化的工作体验和更高的生活质量。

○ 第3章

新型工作模式的出现

为什么我就是做不完这些繁杂的琐事呢？因为我倦怠了。为什么我会倦怠？因为我从心底里认为，我应该一直工作，永不停歇。

我忍不住重复阅读这句话，其出自嗡嗡喂（Buzzfeed）上的一篇现象级文章——《千禧一代怎么变成了倦怠一代》。作者安妮·海伦·彼得森在文中介绍了她努力控制自己称之为“工作瘫痪”的过程，我们可以将这个词解释为“对繁杂琐事或日常生活和工作以外的任何事都缺乏动力”。

因为千禧一代（也被称作Y一代——就是指出生于20世纪80年代至21世纪初的人）一点也不懒。《波士顿环球报》发表的一篇文章称，千禧一代是工作狂——这一点我不得不赞同。《波士顿环球报》的文章指出了不同的工作环境、学生时期的债务状况，以及成长过程中的忙碌状况，对千禧一代的职业观产生了怎样的影响。在他们的成长过程中，他们要参加各种夏令营活动，要学习踢足球、跳舞……不会像20世纪七八十年代出生的孩子一样，在没有父母监督的情况下可以漫无目的地在街上闲逛。

此外，大量的千禧一代都是自由职业者。自2008年以来，年龄为26至29岁之间的自由职业者数量增加了66%。根据美国一项有关自由职业的调研，向上工作平台（Upwork）和自由职业者联盟的联合年度报告显示，2018年时，美国的自由职业者的工作时间累计超过 10 亿个小时。从 2014 至 2018 年，美国的自由职业者数量增加了 7%，达到了 5670 万人。这一数据增加的部分原因是这些年轻的工作者们进入了可以实现梦想的神奇世界。

我们可以说，“倦怠”这个词的意思就只是一种感受。语义学是一种有趣的学问，不是吗？我个人认为，将倦怠和疲累当作一种社会趋势似乎有些言重了。

纽约心理学家、哥伦比亚大学师范学院客座副教授萨纳姆·哈菲兹说，工作与生活的不平衡是让人产生倦怠感的一大原因。“大部分人都习惯了朝九晚五的工作模式，他们都花一个小时在办公室之外吃午餐。”她说。

现在，员工都在办公桌前吃午餐，他们可能一整天都在忙工作。“在互联网、手机和邮件出现之前，人们出去度假或者休病假，是真的在休假，其间不用忙于工作，”她说，“而现在，老板总希望员工无论身处何方都不能失联。”

无论我们称这种现象为“倦怠”还是“我一下床就会焦虑”，都有什么东西在阻碍越来越多的人享受他们的工作成果，让越来越多的人觉得不幸福，让他们的大脑无法得到有效的休息。除了倦怠的概念以外，新冠疫情重新定义了我们的工作方式，让我们重新把握工作与生活的平衡，特别是居家办公、自由职业正在我们的文化中扎根，新常态极大地改变了我们处理工作的方式。人们以前一直认为，居家办公就可以不着正装，就算待在家里看电视都不会有人知道。不过，出乎意料的是，疫情的出现证明了居家办公并不是让人们整天不着正装待在家里看电视。人们终于意识到，居家办公也是合理的。因此，居家办公最终获得了人们的普遍理解，越来越多的人对此产生了共鸣。远程办公也让人们的工作效率提高了：13% 的远程员工工作效率更高，工休和病假更少。然而，从另一方面而言，远程工作者往往工作时间更长，因为他们不能确定下班的时间。公司领导出于信任而允许员工能够拥有自由的工作时间，但这并不是因为别的什么理由，而是受疫情限制。因此，居家办公会让人们产生“偷闲”的感受，人们由此产生焦虑和内疚感，从而利用工作来消除这种感觉。这种心态是我们需要重视和解决的。

因此，新冠疫情的流行给倦怠和疲劳增添了全新的含义。你也许会设想，通过开放灵活的工作模式，让居家办公合法化，从而消除职业倦怠这一现象。不过，事实远非如此。

在《逐渐醒悟》一书中，综合医学和精神病心理学临床讲师迈尔斯·尼尔探索了生命意义和目的。他认为，倦怠是许多人生活中文化和范式问题的副产品。

“人们早早出门上班，工作到很晚才下班，许多人甚至在有权休假的时候都不休假，”他说，“我们之所以这样做，是因为在这个世俗的社会里，金钱、权力和名望是我们赋予了价值的商品。我们始终认为，如果我们工作得足够努力，在公司的晋升阶梯上爬得足够快，我们就能够得到金钱、权力和名望，而它们也能够反过来证实我们的努力没有白费。”

尽管我们在尝试用各种努力来维持工作与生活的平衡，但这种平衡在现代社会中是不存在的。

我们可能已经误认为，工作时间灵活就能治愈倦怠——不过，由于我们被迫改变了我们的工作方式，焦虑、不知所措和疲累的感觉反而加深了。以积极的方式改变工作方式的，是工作之外的东西——它源于如何利用好自己的心态和人际关系所产生的力量。

思维方式和敬畏之心

宇航员埃德加·D.米切尔是阿波罗14号的宇航员，也是第六个在月球上行走的美国人。他认为1971年的那一次登月让他产生了一种令人难以承受的感觉，即人类原来只是隶属于这个浩渺宇宙的渺小微粒。很多其他的宇航员也曾声称，从太空看地球会让他们产生类似的感觉。宇航员们所说的这种感知上的转变是大家所熟知的，科学界甚至给它起了个新的名称——“总观效应”（从多数人无法体验的角度来观察熟悉的家园及城市时，会产生世界如此之大、人类为利益而产生的纷争是多么狭隘的感慨）。

加利福尼亚大学伯克利分校的心理学教授达

彻·凯尔特纳证实，保持一颗敬畏之心会让我们不再拘泥那些狭隘的认知，会让我们的心胸变得更加开阔，同时与世界保持良好的联系。不过，凯尔特纳也称，我们越来越没有敬畏之心了。“成年人用更多的时间来通勤、工作，去户外以及跟他人相处的时间变得更少了。”他在2016年的一篇文章中这样写道，还说我们“越来越我行我素，越来越自恋，越来越金钱至上，越来越不关注其他人和事物”。

我们怎样往日常生活中增加敬畏之情呢？也许你可以积极地培养自己对敬畏和好奇的渴望，并在你生活的世界里创造积极的经历。如果你对工作产生了负面情绪，或者你的身体在靠近笔记本电脑时感到不适甚至疼痛（我就有过这种情况，所以我知道这种情况是真实的），那么你就是对科技及相关的事物持有消极的态度。

采取行动：第一步就是培养自我认知

你只有认识到自己有糟糕的习惯，才能改变它。在想要去了解倦怠产生的根本原因时，你首先要了解自己。写日记是你行动的第一步（如果你现在还没有买好新的日记本，那你还在等什么呢？）。首先，简单地记录下工作抉择、工作负担和压力水平对你是很有帮助的。当你将这些内容用纸和笔记录下来时，你的大脑就无须时刻担负着这个重担了。这也意味着你更能认识到工作中不起作用的因素，以及你可能无须重复使用的工作模式。

接下来，我们就需要更好地了解我们该如何利用好时间，因此记录下在你的生活中产生隐形的、慢性的压力的一切因素——你的生活里对你而言至关重要的每一个领域中。至少写一至两周的日记后，才能够反映人在一段时期内的日常生活中感受到的压力。

劳拉·范德卡姆是一名企业家和时间管理专家，也是《我知道她是如何做到的》的作者。她提出，每天制作一份行程表，从早到晚，以30分钟为间隔，并持续两周。这能让你大致了解你这一天都做了些什么。这可能很有启发性：你觉得倦怠，无法承受工作之重了，你认为你一周工作超过了60个小时，但这白纸黑字可能证实了你在这6天里只工作了40个小时……你可能在社交媒体或直播媒体上花费了大量时间，或者你用了很长时间准备午餐。认识到你的实际工作量比你感觉的要少，足够改变你对工作的倦怠心态。你把行程写下来，这样就有机会去做出不一样的选择，在没有时间的时候创造空间去做你要做的事情。

压力会掩盖我们的自我认知。我们可能会忽略掉我们的身体发出的无声却持续不断的求救信号，如疲劳、失眠、焦虑和脑雾（指大脑因过度疲劳而产生的难以形成清晰的思维和记忆的现象，具体表现为记忆力差、头脑不清晰、无法集中注意力、思维速度变慢等）。因此，现在是时候去关注你身体给出的信号并采取措施应对了，以防它对你的生理和心理健康产生不利影响。

然而，从高成就者的视角来看，当你对所做的事富有激情时，你往往感觉不到倦怠——直到你不知不觉地陷进倦怠的陷阱为止。不过，在你感觉到倦怠之前，倦怠的信号（生理的和心理的都有）就已经出现在你身上很久了。

发现倦怠出现的身体信号和感受到倦怠的能力对我来说一直都很重要，这样我能够体验到什么能让我快乐，什么能让我创意无限，什么又会让我觉得倦怠，这就能真正发掘出一些神奇的东西，并改变我们日常生活的方式。在下一章里，我们将了解到，倦怠怎么能帮我们利用好休息时间。

○ 第 4 章

为什么倦怠有时能激发人的潜能

人只有在思想自由的时候，

才能想出最好的创意，

才能想到最佳的解决问题的方案。

——曼诺诗·左莫若迪

《“无聊”而辉煌》的作者

我觉得你和我已经是朋友了，我希望你不要介意我问你这个问题：你多大年纪了？我之所以这样问，是因为我是属于不觉得倦怠不好的一代人——我们有点把倦怠强加于自己身上。我发现，不是所有人都体验过真正的无聊——远离屏幕，且手头没有任何事做。

新冠疫情期间，我们都被困在家里，很多人第一次感受到了无聊，这从侧面显示出我们有多么害怕无聊。无聊不是好事，我们必须不惜一切代价避开它。毕竟，我们都不喜欢无聊。

以前，我们无法给孩子提供持续不断的娱乐，无法长期监管他们，不能让他们参与丰富多彩的活动，但不担心孩子会无聊、厌倦。那时，没有电脑屏幕移动显示文字和图形，也没有视频网站上的“下一条”。我们的孩提时代，常常要经历等待。20 世纪80年代时，邮件寄送可能需要十来天甚至更久（那时没有送货上门）。而现在的孩子，等待 6 到 8 个小时（可能 6 到 8 分钟）都没有耐心，10 天以上就更无法忍受了。

不过，我认为倦怠也有积极的一面。

我个人不会将倦怠跟任何消极、负面的事物联系在一起。我还记得，在我刚刚成年甚至还是孩子的时候，就常常觉得倦怠。比如在上俄语课、涂鸦或者用我妈的摄影机给毛绒玩具拍短视频的时候，我都感受到过倦怠。在倦怠时，我会突发奇想，创意天马行空。倦怠感的出现可以向你揭示身体传递给你的信号，让你明白心底深处的渴望。如果可以的话，我用一个实际的示例来说明。通常，在我写作或散步太久的时候，我就会在房间或公园里一边听歌，一边跳舞。我为什么要这样做？因为在大多数的情况下，我这样做是因为这样能带给我快乐；这是一种我还没察觉到就悄悄降临的感受，我似乎找不到不这样做的理由。换一个角度来讲，倦怠也可以是通往快乐、自由，甚至是顿悟的十字转门。所以，有时候倦怠可以激发我们大脑的潜能，让我们提高工作效率。

我写本书是想要一劳永逸地消除倦怠所产生的不良影响。在过去的100年里，我们消费的方式已经发生了翻天覆地的改变。正如多伦多大学的临床心理学家约翰·伊斯特伍德所说："我们很习惯于被动娱乐……我们已经改变了观念，认为人们需要各种各样的活动来充实自己的生活。"

拿出你的日记本，记录一下你对以下两个问题的看法：

1. 在工作之外，有什么是你真正害怕的？

2. 如果你不忙，会怎么样？

你可以列一张清单，记录一下你在不忙的时候可能会做什么。例如，在某段空闲的时间里，你没有在社交媒体上冲浪，而是在独处，倾听着你内心的真实感受。

当你的身心沉静下来时，会产生怎样的思想和观念？你怎么能学会安然接受那些令你不适的感受？从本质上而言，我们不知道如何无所事事，因为我们从没有实践过。某项研究表明，像散步这样的活动可以提升工作效率和创造力。研究还证实，有时候倦怠的状况有助于提高活动参与者在创意任务中的个人工作效率。这意味着倦怠能让他们的思想在诸如散步之类的活动中变得天马行空，并鼓励人们专注于真正重要的事情，而不受任何形式的干扰。

曼诺诗·左莫若迪的《“无聊”而辉煌》开启了“无聊而辉煌的挑战”，鼓励参与者们只观察而不拍摄他们所在的环境，并把他们观察到的事物和感受写下来，不让他们有上网的时间——这一切都旨在促进他们的个人创作过程。

我建议拥抱倦怠，让它成为你的朋友，不要对它视而不见。

行动起来!

体验倦怠。你觉得倦怠的感觉是什么样的?不停地翻看手机，这是否让你有毛骨悚然的感觉?你可以 24 小时不用电子产品吗?你可以不带手机去逛街吗?为什么不试试看?

一切从改变工作观念开始

亲爱的读者，我恐怕没有什么“三步走”蓝图、提高工作效率的技巧或其他花哨的工具可以帮你找到工作与生活的平衡，除非你问问自己的内心，深入了解一下你现在的工作模式是怎样形成的。工作观念是一切的源头，为了改变观念，我们就需要向自己提问。

有一次，我向一群自由职业者和企业家提了一个很简单的问题。我问他们是怎样获得工作上的成功的。结果发现，他们大部分人都钻进了死胡同：他们之前从来没有问过自己这个问题。他们大部分人从前要么是忙于手头的工作而无法去寻找新的机会，要么是忙于寻找新的机会而无法完成已有的工作，而他们主要的职业目标是兼顾两者。他们很多人还认为，有更多的时间享受生活是选择自主创业的理由。

如果你本来正在努力应对聘用式工作的压力，现在因为疫情而远程办公，那这也适用于你。我们怎样解锁更多的时间，而不让远程办公占据了全部的时间呢？

在领英的一次问卷调查中，领英网的很多员工也回答了这个问题，他们大多都说，他们眼中的成功都是老板和企业"告知"他们的。他们都遵从公司给他们制定的规则，按照公司指定的目标行事，因为他们没有接受过相应的教育和指导，不懂得怎样给自己设定有效的规则。不过，他们也声称，如果可以定义自己认为的成功，并且在决策过程中能够有机会积极表达自己的观点，他们会深受鼓舞。

无论你是自主创业者还是大型企业机构的员工，以下三个问题，都可以帮助你重新定义工作与生活的平衡，和你对成功的看法和认识。

问题 1：我今天学到了什么？

不断地学习，对生活保持持续的好奇心，是成功人士成功的主要原因之一。每一天都能够怀有坚持学习的心态,可以帮助你学到以前不会的技能或知识，而这就需要专注（后文会介绍更多关于专注力和心流的内容。心流，是指一种人们在专注进行某种行为时表现的心理状态，在这种状态下，人不愿受到打扰，或称抗拒中断）。好奇心是态度进步的标志——这意味着你相信自己将有无限的可能，你相信自己可以继续发展、成长，甚至变得更好。

学习就是培养技能，来帮你发现之前从未发现过的机会：可能会让你学到生活经验，学到你想要学的新技能。因此，经常性地问一问你自己“我今天学到了什么”，不仅能让你认识到你都做过什么事，还能为你开启新的可能。

问题 2：我今天帮助 / 鼓舞了谁？

这是我最喜欢的问题之一，因为我的工作就是帮助他人。帮助他人意味着你可以评估你的时间都用在了什么地方，通过影响力去影响他人，而不必考虑你的日程清单上的任务完成了多少，这是一件多么成功的事情！花一点时间去了解你对他人的生活产生了多大的影响，这是一种非凡的技能，也是我们应该珍惜的能力。我可以告诉你，大多数情况下，最简单的问题往往是最有效的。

问题 3：什么是成功，我怎么看待成功？

如果你仍然不确定这个问题的答案，请直接阅读下一章。

第二部分

解决方案

如果你一直按你惯常的方式做事，
那么你就不会获得新的东西。

——美国作家、心理训导师、励志演说家和慈善家
托尼·罗宾斯

○ 第 5 章

重新定义成功

让我来问你一个很直接的问题：你怎么知道自己这一天过得还不错？你是以工作任务的完成度来评估这一天是否成功的吗？别担心，你可以和我说实话。我问这个问题的原因是，我们很多人都是这样评估的，就是这么简单。有趣的是，虽然“质量高于数量”这一观点是人们的共识，但我们仍然为成功设定了很多难以达成的目标。下面，请让我来解释一下。

当你以工作结果为导向，而不是为了忙而忙，你在工作时就可以百分之百投入，不工作时就可以完全放松。为什么要半路上才想起来去做呢？如果你要去工作，那就踏踏实实地去工作吧！

我们经常给自己施加要为成功而努力的压力，这对我们的心理健康产生了非常严重的影响。就像那一次，我列了一张冗长的待办事项清单，当我看到有这么多的工作要完成时，我哭了；还比如曾经有好几个月的时间，我因压力过大而经常不知所措，竟对着电脑屏幕哭了出来。你知道吗？这两件事情并不是在我的职业生涯初期发生的，而是发生于我的第一次新书发布会前后，甚至在那之后我还偶尔哭过。记得有一次，我在家休息，没有上班，等到我的丈夫下班回家后，我开始毫无理由地哭了起来，怎么也忍不住。“（要忙的）太多了！”我不断重复着这句话，盯着那让我望而生畏的待办事项清单。

事实上，待办事项清单也没有我所说的那么可怕。当我以客观的态度去面对，我所要做的就是把某些任务挪到另一天就好了。处理工作更关乎我的价值观念，和我希望从自己身上获得什么。我甚至无须多说，离开电脑就好了。重申一次，再次帮到我的又是一些简单的问题。

你有多了解本杰明·富兰克林？你可能不知道，他给人的一大印象就是工作效率高。他一生做过多种职业，如作家、印刷工、企业家、政治理论家、政治家、邮政局长、科学家、发明家和外交家等等。在他的自传中，他介绍了一种帮自己专注于目标的技巧：每日规划。我发现他做出的规划相当严谨（他承认，他也难以让自己完全按规划去做）。不过，在这份规划中，我最喜欢的地方就是，他每天都会问自己两个问题。

在每日规划的正文之前，他写道：

我今天应该做什么事？

一天的工作完成后，他会在规划正文之后写道：

我今天都做完了什么事？

我认为，这就是富兰克林对成功的定义。我的第一本书《产生影响》出版后，有很多读者都表示，他们喜欢我在这本书中所探讨的有关恐惧和成败的内容。我喜欢谈论心态的理由在于，心态是从意志力中提炼出来的。

积极的、有动力的心态会为你提供足够的意志力来完成我在后文介绍的“三步走”蓝图。职场上的成功始终是一个独特的话题，每个人都持有不同的观点。无论你在哪里，从事什么工作，哪怕是自己创业的，成功通常都是可量化的。比如我们完成了多少任务，处理了多少邮件，做这些事情都要有极大的推动力。更换工作目标、重新定义成功可能是很难的，尤其是在还要考虑经济条件的情况下。然而，无论你是自主创业还是为他人打工，大致都有三个工作目标（根据职业的不同，你还会发现不同的目标组合）：

1. 对他人和世界产生更大的影响力；
2. 赚更多的钱；
3. 希望拥有更多的时间用于工作之外的生活。

其他的目标都与上述的三个目标之一有关，这有点像是另一个版本的“凯文的六度空间”。理解这一点很关键。无论你是提醒你自己，还是提醒你的老板要简化、委派和自行处理工作，上述的三个目标才是真正对你有意义的。

我们怎样才能用更少的时间赚更多的钱，产生更大的影响？

必须要有一个足够有力的理由来说服你自己（以及其他人）在工作中实施变革，幸福、更小的压力感和焦虑只是实施变革过程中产生的副作用。你必须先制定计划，并准确说明你想要的职业生活是什么样的，这样你才能按照计划去实施。不过，计划一定要非常详细。丰富员工的生活，并通过可持续的收入来源来确保每个人收入稳定，这是我公司的两大重要支柱。

只要能看到团队的成长与发展，我就会允许并鼓励团队灵活地安排他们的工作时间，让他们按照自己的方式来评估每天是否成功地完成了工作。我在这里真诚地告诉你，将各项工作任务进行先后排序，并制定日程计划，会对你和你的团队有很大的帮助。我喜欢把一天中最重要的任务放在最前面，并称之为“中心任务”。如果你今天完成了中心任务，并且在工作完成后对自己的工作效率很满意，那会怎么样？

行动起来！

问题：我怎样定义成功的一天？

花一点时间重新定义成功的一天是什么样的。是完成了你这一天的中心任务吗？还是完成一种日常的挑战来改善你的工作流程（后文对此有详述）？

我是个正在恢复健康的工作狂，每周都在努力重新定义成功。而且，我还会在我们的公司会议上提出这个简单的问题（我们会在每个工作日进行线上视频会议），这会让我们的工作更有动力。这种想法在我们心中根深蒂固：为了成功，你必须努力。从微观角度而言，这意味着要回答以下两个重要的问题：

1. 每天什么时候结束工作？

在过去的一年里，我们形成了新的工作习惯，工作文化已经完全改变了，工作时间也变得非常灵活。无论你是远程工作的，或是有了灵活的工作时间，还是已经把握住了工作与生活的平衡，你都应该问问自己这个问题：“每天什么时候结束工作？”

如果你对答案不满意，那就需要改变了。我可以教你怎样完善你的工作安排，减轻你的工作负担，不过只有你自己才能定义成功。

回答了第一个问题，就该进行深入挖掘了。你要问自己的下一个问题是：

2. 一天中什么时候工作效率高？

这个问题有点不一样，因为这不只是在问你的工作时间，还包括你的感受。你觉得你老成吗？冷静吗？充满活力吗？不同的人有不同的感受，因为大家对职场成功有着不同的认识。

如果你是那种工作到下午 5 点仍然觉得自己一无所成的人，那就有必要记录一下你所认为的成功的一天是什么样子的。这也就是为什么弄明白你这一天工作的总体目标是对你有益的。如果你一整天都要参加各种会议，就无须努力去调整自己的状态来迎接各种杂乱的工作，你只要明确行程，并专注于会议就好了。

小策略

我们可以使用盖里·凯勒和杰伊·帕帕森的《最重要的事只有一件》一书中的“一件事”的策略。请列出你这一天最重要的任务，并努力去完成。在完成之后，我建议你可以快乐地跳舞，跟办公室的同事们击掌，甚至可以相互送礼庆祝。

行动起来！

改变你对如下问题的答案，为成功做好准备：

· 我每天的工作什么时候结束？

· 对我来说，富有成效的一天意味着什么？

如果你完成了基础工作，并明确了对成功的定义，你就可以顺利按照“三步走”蓝图来做了。如果都失败了，那就再问一次本杰明·富兰克林问自己的问题：

“我今天都做了什么好事？”

当你能够定义你所认为的成功，当你改变了对工作时间的态度，你就能够做出必要的调整来让自己感觉更充实。

○ 第 6 章

建立界限，学会说“不”

一般成功人士和非常成功人士之间的不同之处在于，非常成功的人几乎会对所有不必要的事说“不”。

——沃伦·巴菲特

在我们的工作环境中，工作与生活之间的界限每天都在受到挑战——无论是安排工作时间，还是不敢对另加的工作说“不”，甚至是在工作时间上设定界限（如下班后接到新的工作安排）。

新冠疫情流行期间，我们许多人都是居家办公。如果你也是这样，那么你的工作和生活之间的界限就会变得很模糊，因为你可能总会去忙工作。由于你现在一眨眼就能到达“办公室”，所以你很难停止工作，很难从“工作模式”切换到“下班模式”，很难去放松身心，与家人共度愉快时光。

因为疫情不能外出，在几个月的时间里，我就转换成了远程办公的工作模式。

这样的副作用就是，我对每天的工作时间以及工作项目的管理变得更加严格了。在大多数情况下，我会在早上做出时间规划，确保人们在特定的时间内能够约见我，且时间多定在中午 12 点以后。我会设定“会议日”，在这一天里，除了当日安排的电话之外，我几乎不做任何其他的工作安排。这样，我就可以在空闲时间里好好休息。

因为我不得不改变我的日常工作模式，我突然变得更有条理了。

现在，对不必要的事情说“不”似乎变得更容易一些了，因为你现在只能限制自己。当然，你可能会为了日后获得更多机会，或者因为不想被认为粗鲁无礼而更倾向于说“是”。

专业提示

为了更容易从工作模式切换成生活模式，你可以创造一种新的习惯或仪式，比如你可以去做一些实际的事情来结束你每天的工作——遛狗、跑步，换衣服，或者做些与意念有关的活动——瑜伽、冥想或回顾一天的工作。无论你做什么，请确保它能让你变得更加放松、更加平静，并且与你的生活方式和爱好保持一致，以便你可以一直沿用这个新的习惯。

我发现，在我自己的客户和创意影响力团队的成员中，有90%的人都认为自己同时干了太多工作，以至于一样工作都没做好。认识到这一点有没有给他们敲响警钟？我希望有。

首先，也是最重要的是，你必须从心态上就开始做出调整。你为什么需要为自己设定那些工作界限？你觉得在工作中让你难以控制的是什么？我建议你写下来（临时会议、特定的工作任务、社交媒体上的聊天信息、邮件回复时间等）。

其次，你为什么难以采取行动，做出改变？老实说，你在害怕什么？重申一次，请写下你的想法。我猜，你可能会担心以后没有新的工作项目来邀请你，你可能会因拒绝工作而产生负罪感，或者被职场上的其他人施加压力。在这里，请写下你可以想到的任何想法。

最后，我想让你留意一下，如果你拒绝了所有额外的要求，你将会获得什么。你不要去担心你将失去什么，我想让你写下可以花时间去做的所有事情，或者是你通过为自己设定更好的界限，让你感到更有力量、更专注的事情。

我并不是要你去告诉别人，你无法把握住新的机会。我的意思是，你需要对出现在你面前的每一种选择进行评估，从而设定更好的工作界限。当你在团队环境中与上司一起工作时，你大概率要为了设定界限而与上司进行一场艰难却有益的沟通。你可以明确地告诉他，你将在设定界限后更好地、更有效地工作，并保持更好的心理健康。

在重新定义你的时间并享受这个过程时，工作界限是对你很重要的工具之一。我们将在下文中揭示为何工作界限有利于你的工作。但是，在与工作建立起更健康的关系前，我们将带你认识到工作界限的重要性。在后文中，你将了解到两位杰出人物在界限方面的经验：克洛伊·布罗里奇，催眠治疗师、心理治疗师，播客《更冷静的你（The Calmer You）》的主播；切尔西·考克斯，销售战略师，商界销售专家和顾问。

与克洛伊·布罗里奇谈界限

小时候，我一直是个非常害羞的小孩，在15岁时开始体验到焦虑，并患上了恐慌症。我总是被焦虑感所萦绕，有时会因为认识新朋友而倍感紧张，因而总是尽可能地避免让我感到焦虑的事物。直到25岁时，我终于得到了帮助。那时，我同时任职两份工作，给自己施加了过大的压力，总是时不时地拿自己与他人进行比较；我太过焦虑了，于是我决定把心理健康作为首要关注目标。

我做出了一点小小的改变：寻求治疗，阅读有关缓解焦虑的书籍以及冥想。现在我已经平静了许多，同时我也开始帮助他人来获得内心的平静。

我发现，我的很多客户都认为生活就像是完成一件事就打一个勾——他们试图适应各种情况，希望可以通过做更多事情来给他们带来幸福。不过，因为做得过多而产生焦虑感是不会让你获得幸福的！

我们的神经系统并不是为了不断处理“战斗或逃跑”模式而构建的，虽然一开始的“成就”和忙碌可能看起来很吸引人，但我们真正渴望且能够滋养自己的往往是安详与宁静。

当我们从心底里对自己感到不满时，就会寻求外部的肯定来改善我们对自己的感受，这被布蕾妮·布朗称为“追求价值”。不过，一旦我们拥有这种心态，就会持续不断地追求目标，一旦完成了一个，就会接着去追求下一个。这样的追求永不止步！

但要记住的是，我们的价值并不是靠自己所获取的成就来定义的，我们的价值是不变的。我向客户们提建议，让他们在做规划时务必将休息时间考虑进去，将“与自己的约会”当作一项优先考虑的待办事件，就像一场与 VIP 客户的约会，而这个 VIP 就是自己。

当提及专注力缺失和焦虑感时，你认为我们的电子邮件起了什么作用？

我们沉迷于新信息会带来回报的良好感觉中。为了获得新信息，我们不断检查手机和邮件——电脑发出的新邮件提示音都不足以满足我们。

信息过量让我们产生焦虑，心烦意乱则让我们的焦虑感更甚，因为在这种情况下，我们很难集中注意力去做任何事。没有专注力，思维就会不清晰，我们就会很容易焦虑过去，担心未来。我建议你们在想要集中注意力时，关闭所有可能干扰到你们的电子设备的声音，甚至关闭一些网站。

管理自己的时间和生活时，界限有多重要？

如果我们不拒绝所有人的任何要求，我们就没有时间来处理对我们重要的事情。如果你觉得无法承受这份忙碌，你就需要更频繁地说“不”。别人要求你做什么事时，先暂停一下，深呼吸一次，问问你自己：“这是我必须要去做的吗？”如果你难以当面拒绝，就告诉他们你要先查看一下自己的行程安排，才能回复他们。这样，你就有时间去好好想想该怎么拒绝了。

我的很多客户都说，他们感觉时间在偷偷溜走。你也有同感吗？你认为，我们为什么对时间的概念如此痴迷？

这很常见，因为在各年龄段的生活中似乎都会出现一些需要我们跨过的里程碑，如果没跨过去，时间就似乎处在正在溜走的状态中，所剩不多。如果我们总与他人比较，就会过度关注自己是领先他人还是落后他人。若我们总是不停地忙碌，就会感觉时间过得很快。这时，我们需要学会放慢脚步，珍惜当下。只有这样做，我们才能留出更多的时间去享受。

在与企业家同行们聊天时，很多人都告诉我，他们不知道怎样才能改变工作模式。你认为，我们为什么这么难以接受休假?

我的客户们总是告诉我，他们甚至在假期里都无法放松下来。我们总是将资产看得重于一切，总是认为必须不停地高效工作，才能让自己有价值。我们已经忘了，休息本身也是很重要的。

我们出现在这个世界，不是为了成为只专注于工作的机器人，而为了享受生活的！我们很多人都需要重新定义成功的含义，并调整自己的价值观念。这样，我们就不会忙于去追求那些不能充实我们生活的成功。

案例研究

与销售战略师切尔西·考克斯一起兼顾工作和育儿，并为工作和生活设定界限。

“你总是在下午 5 点时离开办公室”，这是我经常从企业家同行们那里听到的话。“我总是要为完成工作而忙到很晚——我不知道你是怎么管理好这一切的”，我也总是听到他们这样说。

我所在的办公室一共有 50 名员工，但只有我是有孩子的，这很罕见（应该是吧！）。所以，他们都很难理解我是怎么管理时间的：他们不明白我必须准时 5 点下班，是因为我家里还有孩子等着我去照顾。我要为他们准备吃的东西，给他们洗澡，在睡前给他们讲故事，并且还要避免不会成为最后一个从托儿所接孩子的妈妈。

我的工作时间更像是军事化的管理模式。每天早上 7 点半起床，将女儿送到托儿所，然后在

8 点半到 9 点间赶到办公室。随后，我会确定这一天的工作行程，以确保尽可能多做一点工作。通常，我会一直忙到午饭后，这样我就可以准时下班了。让我懊恼的是，那些故意讽刺我准时下班，而自己却要加班的同事们，他们半数的办公时间都用在了浏览社交媒体、网上购物或者看视频平台上的搞怪视频上。

你们不要误会，不要认为我不喜欢看这些东西，如果你是孩子的家长，你就没时间来看这些。5 点钟下班后，我就会赶回家里，去承担这世间最重要的职责：做妈妈。我会做晚餐、洗澡，并在睡前花一个小时的宝贵时间跟我的小女儿玩……然后我才会坐到笔记本电脑前，去完成在办公室里没有完成的工作。

我的同事们都在抱怨要到 6 点半才能下班，而我大部分时候都要工作到晚上 10 点——只不过不是待在办公室里。这就是资本世界最令我烦恼的地方：你的能力、你的职业道德和你对工作的执着，是要看你在办公室里待的时间，而不是看你的成绩。此外，我的同事们有时候会认为我不可能按时完成工作，因为我被他们视作下午5点准时下班的人。

我在女儿开始上学时，曾因为工作错过了学校组织的一次集体活动。一想到我的女儿自己参加活动，还要等着我，我的心都碎了。我也的确想要高质量的陪伴时间，因为我一个月只有两个周末可以陪她，另外两个周末她会与她的爸爸在一起。这时候，我的确觉得，我需要更灵活的工作安排，我需要自由，我想要一直陪着她。

忙于工作会产生愧疚，不忙于工作也会产生愧疚，我需要摆脱永不停止的愧疚。因为周末的晚上只顾自己潇洒快活而产生的愧疚；因为没有全身心地陪伴家人、反而总是想着第二天的工作而产生的愧疚；因为错过了女儿的很多事而产生的愧疚；因为耽误了工作上的事而产生的愧疚；因为不能参与工作社交而产生的愧疚；因为低效工作浪费很多时间而产生的愧疚……诸如此类，数不胜数。

我知道我需要做出改变。2018 年时，职场环境的改变让我开始有了自己的事业。我这样做完全是因为希望自己更专注当下，希望工作更灵活、更自由，但我不得不承认，我花了整整 6 个月的时间才改变了朝九晚五的工作习惯，不再把工作集中在这个时间段完成。企业的工作模式在我心中根深蒂固，以至于一个小时不用手机和笔记本电脑就让我感到有点害怕。

我与一些女性企业家同行聚会的时候交流过这个问题。她们完全能够理解我，而且她们中也有些人曾经跟我一样。她们给我提出了一些很棒的建议，比如逐步放弃我给自己设定的标准——我也的确按她们所说的去做了。

我让自己在床上多躺一会儿。我不再每天送女儿去早餐俱乐部（为到校早的孩子提供早餐的服务），而是每天早上在家里做早餐，跟她边聊边吃，吃完再送她去上学。然后，我每周都会留出一天，下午直接去学校接她，然后一起玩。我不再总是查看邮件或看到新邮件就马上回复，我终于学会了给自己留一些时间。

无论你还有多少工作要完成，以下这些都是最重要的事情：要记住，你还是你，你需要给自己留一点时间去做你喜欢的事情，无论是冥想，还是做按摩或读书……任何事情都可以，只要你确保有这个时间去休闲。当然，请不要误解了我的意思，我现在仍然要工作很长时间，不过我现在是为自己而工作。我能够控制我的工作量，能够控制我的时间，能够掌控我的生活。

在任何喜欢的地方和时间去工作真是一件令人开心的事情。这让我有了机会去为我的女儿做一些需要我为她做的事情，也能够多留一些时间给自己。

如果你正在为已经身为母亲的女上司工作，如果你的办公室里有同事是孩子的母亲，或者你是职场妈妈的朋友，请支持她。因为你虽然可能抱怨还要多在办公室里工作一会儿，但要记住，她却必须回家去履行她最重要的职责。

同样地，如果你是职场妈妈，并且在为了兼顾好工作和生活而努力掌控时间，你要知道，你是有选择权的，你可以选择另一种能让你更自由、更灵活地应对工作和生活的工作方式。

○ 第 7 章

改变观念

还记得电影《恶老板》及其续集《恶老板 2》吗？我看的时候，不禁想起了我之前的老板们，尤其是那些我一直铭记于心、让我开启自己职业之旅的老板们。上一次我离职的时候，没有多少积蓄，也不知道接下来要做什么，只想着以后再也不要给别人打工了。说到老板，我绝对是个“称职”的老板，我都没有见过比我自己更严苛的老板。

是的，我就是这个意思，法布，就是恶老板！无论你是团队成员还是团队的管理者（可能你一个人就足以做一个团队的活），从某种程度上而言，你就是自己的管理者。我想要申明这一点：除了让其他人指导和监督你的工作之外，你还要负责在工作时提醒自己好好工作。在我们逐渐接受了居家办公的工作模式后，上述的这一点也就越来越清晰了。

团队沟通交流的渠道少了，人们不得不学习如何更好地管理他们的能量和工作时间，从而生成一整套的职场文化观念。我将就每一种观念提出一个问题，来帮助你看待每日的工作方式。

“一直在线”的状态

“再过半小时我就下线”，这是我以前经常跟别人说的话。现在，我们的个人生活与职业生活的界限越来越模糊了，我们也越来越难以关掉电脑了。无论是深夜还是周末，我总是会偷偷去设定早起的闹铃并为各种工作项目忙碌，甚至在度假或出席圣诞晚宴时，我都会带上笔记本电脑，我因此而闻名。

度假是我从未做过的事，以至于三年来我第一次为自己设定假期时，我的整个团队把这件事当成了笑话。是的，女孩们，关于工作界限，我以前是有问题的。我以前总是对自己有更高的期望，因为我知道我能做到。结果，我过分消耗了自己的精力。

问题：

· 你给自己规定恰当的工作时间了吗？

· 你知不知道工作界限是什么样的？

· 你怎么才能从明天开始设定合理的工作界限？

将所有的一切都看得比自己重要

对我来说，我要做的是优先考虑自己，而不是将别人的要求放在首位。这听起来是很合理的，但其实并不是这样的。我招聘员工，给他们的工资会比给自己的工资高，而且我会为客户或团队放弃原本的时间规划和工作安排。有时候，我们会对我们的工作感到迷茫，却很难意识到我们曾给予同事和客户的友善、理解和慷慨，自己也应该得到。过去这些年来最能改变我生活的事情之一，就是在考虑工作和事业的同时也考虑自己。

问题：

· 在职场生活中，你怎样将自己放在重要位置？

· 你每一天能采取什么行动来将自己放在重要位置？

· 你怎么将这一点告诉你的上司 / 同事 / 团队 / 客户？

行动起来！

关于我提的建议，你可能现在做不到。不过，你还是要坚持去尝试：在你的日程安排中加入一到两次时长为半小时的休息时间，就像生活中准备零钱急用一样。这是创造工作缓冲的好办法，以防你这一天没有按休息计划来进行，或者也可以将其看作一种让自己休息的简单方法——加强你的时间观念。

有成绩就值得庆祝

这是一件很重要的事情：为我们的成绩而庆祝。大多数时候，我们都只顾着前行，而没有去欣赏路边的风景。你总是注重目标，注重接下来要做的事，就自然看不到你今天都做了什么。此外，当你实现了目标时，相信你常常会有一种松了一口气的感觉，但如果没有实现目标，失败感就会随之而来。因此，我们需要培养这种技能——无论取得了怎样的成绩，我们都要庆祝。

在每一天的日记里，我都要写下三件我感觉很棒的、发生在我身上的事情。我写下别人对我或我的工作的称赞，我每周都会跟团队分享公司做出的成绩。为什么？因为我花时间去庆祝目前的成绩是值得的，我的团队也是如此。

问题：

· 你多久庆祝一次工作上的成功？

· 你在工作上取得重大成功时会给自己庆祝吗？

· 你认为成功会给你带来什么感觉——它怎么会让你产生这种感觉（明确这种感觉，如自豪、自信、满足等）？

很长一段时间以来，工作对我而言意味着一切。我不会放弃工作，主要是因为我担心自己一旦转移了注意力，所付出的艰辛与努力就都不复存在了。我被困在了恐慌的怪圈里。我的价值观念是推动我工作的动力，我一直都在反思这些观念，以促进自己更努力地工作。这真的能让我明白，我是怎样使得工作渗透进生活中的方方面面的。

可以说，你永远无法获得工作与生活的平衡。因为这种平衡是需要你不断进行调整的——不过你会很清楚，这种平衡在什么时候让你感到不适。因为大多数情况下，这种让你不适的平衡会让你感到焦虑、有压力，无法承受。工作仅仅是我们生活的一个组成部分，我们需要让它与我们的生活健康地融合在一起，而不是让两者分离。一旦你认识到了这一点，你就能够重新构建生活的其他组成部分，让它们待在合适的位置上，如玩乐、冒险、休息、和家人在一起。

你生活的基础和主要价值观是什么？

我就这部分介绍的观念和我们每天与自己沟通的方式，向我亲爱的朋友汉娜·华莱士寻求帮助。汉娜是一位演说家、播客创作者和综合教练。她热衷于引导人们去发现他们生命中的特质，让他们将生活的光明和黑暗融合到一起。她还开设了一个名为“找寻优雅”的播客。

案例研究：

与汉娜·华莱士探讨如何通过平衡我们的能量来支持工作与生活的平衡。

掌控职场平衡的一个方面就是要合理综合男性和女性的能量。打破我们心中根深蒂固的观念，将有助于真正实现这些能量之间的平衡。这就需要我们的社会接受一种将我们的幸福与成功看得同样重要的新工作模式。

你看，把自己逼到绝境就是成功，而我们的社会也会为此而奖励我们。不过这样做的缺点，我们可能就不清楚了：人们会筋疲力尽，感到疲累，有睡眠问题，而我们现在都在面临心理健康危机。

我们现在仍然很难去坦然面对这些问题，因为我们都不想被别人认为是脆弱的。我们也很难去改变一直存在的工作环境。

不知为什么，男女之间的平衡已经改变了。

尤其是想要被认为与男性一样平等的女性，在工作上都开始采用更加阳刚化的方式。值得庆幸的是，这种情况已经得到了改善，男性和女性通过投入阴柔性的能量而变得更加平衡化了。

阳刚能量是结构化、主导型的，是目标导向型的，直来直往的；而阴柔能量是柔软的，是婉转的，是循环往复、高低起伏的，是更感性、更有创意性的。

这两种能量无论哪种过多都会造成不平衡。例如，阳刚能量过多会让人精疲力竭，而阴柔能量过多则让人更加敏感，你最后什么事情都做不了。

我们既需要阳刚能量，也需要阴柔能量，这两者实现了平衡，我们的工作就能完成。但很显然的是，我们并非总是能够维持住这两者的平衡。

我们也永远无法获得这两者的完美平衡，因为根本就没有完美平衡这回事儿——我们听到的建议都差不多，而我们的生活却是瞬息万变的。我们每个人都是不一样的，因此有些人阴柔能量更多，有些人阳刚能量更多。关键在于我们要认识到这一点，并学会运用好这两种能量，找到自己的节奏，发挥出最高的工作效率。

阴柔能量能激发出你的直觉，鼓励你用体内的阳刚能量去关注周遭的情况，而不是根据需要做决定。

有时候，跟随你的直觉走意味着抽出时间休息，在你能够更高效地工作的时候再回来做。我们曾经听说过多少次人们在忙完工作去度假却累倒了的消息？这就是我们忽略了身体发出的信号，将我们的压力和情绪都隐藏起来的案例。一旦放松下来，身体就会因为没有了压力而生病。

人们可能会以这种模式循环往复多年，而要做出改变就需要打破这种循环。问题在于，自我们有记忆以来，阳刚能量就一直存在，并在我们的社会中，形成了一种根深蒂固的程序化模式。只要想想，有多少人从不午休，或总是超时间工作就知道了。

人们的内心都害怕失败，都害怕如果不努力，他们的整个世界就会坍塌。我们不应该因为想要通过创造一种新的工作模式，来找到更好的平衡而被视为软弱。那么，我们该怎样才能平衡好体内的两种能量呢？

· 确定你完成工作的模式和惯例。

· 问问你自己，你的职业道德从何而来？

· 考虑一下你怎样才能改变自己的工作环境和工作理念。

·记录下上述内容可能会很费时，因此我建议你逐步去做。

·弄清楚为什么改变工作环境和理念很重要，你想要通过这种改变产生怎样的感受。

阴柔能量对你来说意味着什么？

要开始寻找方法，让你更多地去关注自己，更多地休息，留意身体。人们现在越来越不关心自己的身体了，他们坚持拼命努力，直到身体出了问题，心理上也因承受不住巨大的压力而被迫停止。如果你多年来都未曾关心过自己的身体，那么你在需要休息或觉得不舒服时，就需要时间来对你的身体做出回应。如果你是女性，那么关注月经周期的确对你生活的方方面面都有益。

请给你的生活留一点空间。

对忙碌的人而言，这分散了他们的注意力，

会让他们觉得可怕，因为他们沉迷于忙碌之中。他们通常都是阳刚化的作风，一旦关注某件事就会十分专注。如果你在很长时间内都处于这样的状态，那你就要花时间去适应了。你太过习惯于忙碌，就很难放松下来。

如果你投入了100%的时间来努力工作，请想象一下收回其中的25%会如何？对某些人来说这收回得有点多了，那么就从10%开始好了。

长期而言，一旦你有了休息的时间，你就可以工作得更加高效。从某种程度来说，这能让你做得更少回报更多，所以，首先就是要让你的头脑接受这种工作模式。

我们怎样才能学会平衡阳刚和阴柔的能量？

· 冥想就是一种简单的方法。一天花十分钟冥想被证实是有效的。这能让我们放慢脚步，让我们理清思绪，教我们怎样恰当地呼吸，让我们关注自己的身体，关注更柔软的阴柔能量，关注自己的直觉。冥想也是任何人都能够学会的。

· 高质量的睡眠。生活在继续，也许你不总能睡 8 个小时，不过找到最适合你的睡眠时间既对你的生活有利，也有助于改善你对待生活的态度。人们用牺牲睡眠时间来证明自己工作勤奋，这才是错误的观念。

· 要知道，休假有助于你恢复平衡并重新调整工作模式。当我们形成了这样的习惯，将对我们的身体和心理健康有长远的影响。

· 把握好自己这种阳刚与阴柔平衡的节奏。你可能要花一定的时间才能确定这种平衡，不过一旦你这样做了，就能收获阴柔能量带给你的益处，而且还能促进阳刚化的“把事情完成好”的心理。这将改善你的生活，使其将变得截然不同。

理解并掌控你工作中的阳刚和阴柔能量是把

握平衡的关键，因为当你这样做时，你就可以在需要工作时更努力一些，然后在忙完之后又恢复平衡。这时候，你就知道了怎样以自己的节奏掌控这些能量。

我们的社会和企业在这方面还有很长的路要走，不过如果我们都承担好自己的职责，做出一点改善，哪怕是小小的改善，也能够创造连环效应，促进全球性的变革，推己及人。因此，往前走吧，接受那种更柔软的阴柔能量，让它重新调整你的工作与生活的平衡。

○ 第 8 章

改变心态

我们有两种时间：忙碌时间和空置时间。

空置时间指的是你坐在一旁，等着事情的降临。

而忙碌时间指的是一切都归你掌控，你把握住每一分每一秒的时间来学习、提高，以及成长。

——作家和战略专家罗伯特·格林

我们为什么难以关机？

你还记得你拥有的第一部手机吗？

我的第一部手机是相当沉重的诺基亚手机，大红色，方形，手机顶端还有一根短短的天线。那时候，我还很小（我之所以能在那时就有手机是因为我妈喜欢高科技的事物），而且很少使用它。然而，到了十几岁的时候，就跟很多90后的孩子一样，我拥有了一部诺基亚3330手机。是的，这款手机上有贪吃蛇的游戏。这款手机的优点之一就是电池寿命很长。不过，我们一到晚上就会关机。是的，真正的智能手机进入我们的日常生活之前，我们都会一到天黑就关机。

在这之后，就兴起了“一直在线”的热潮。首先，是我们的手机一直不关机；不久之后，我们也不再关笔记本电脑了。

我们很容易就会责备这些设备太过诱人，但实际是我们的心态发生了改变，我们对待厌倦、压力和不适的方式也发生了改变。我仍然记得那些日子，每当我妈妈的笔记本电脑出了问题又恢复正常的时候，屏幕上就会出现加载条，我们就不可避免地要等待它争分夺秒地加载完。

如今，手机可以在我们熟睡的时候自动更新软件，这让我们感到放心。我们自然认为，全天候待命是我们应该做的。而且人们大都不会让手机处于关机的状态（想一想，上一次我把手机关了一个多小时就让我感觉有些难受了）。

我们人类总会遵循特定的习惯，而大部分的习惯我们并没有真正意识到。这也是我们难以建立新习惯、改掉旧习惯的理由。关掉手机、电脑，让头脑得到休息不应该是我们需要提醒自己才去做的事情。不过，现在的我们的确很难关掉这些设备去好好休息。

近年来，如阿里安娜·赫芬顿这样的先驱者，正在揭示忙碌文化在工作和生活中对我们造成的影响，尤其是对我们的心态造成的影响。我个人很喜欢赫芬顿的《成长》一书。我曾经非常兴奋，期待着去实践她在书中介绍的各种理念和策略。不过，我的心态并没有完全改变。我之所以强调这一点，是因为心态就是成功人士和非成功人士的差别。

培养富足心态

我们能够利用的，并且能够真正有助于我们重新定义成功的意义的，就是富足心态。当周围的一切都让你有不好的感受时，你怎样培养富足的心态？我每天都在有意识地培养富足心态。此外，我每隔 90 天都会对自己定下的目标和取得的成绩进行反思，问自己一些有用的问题。最简单的方法就是，明确我想要的感受，并让自己按照这种感受设定目标。因此，在下一次设定目标的时候，问问自己这个问题：

你想要怎样去感受？

富足心态对我来说很重要，近来人们大肆宣扬它，称它是感恩生活的副产品。我认为，要真正感觉富足，列出你要感恩的事物将是个很好的开始，但你不能就此停止。

我来给你举例说明一下。

我发现我目前无论从经济上还是情感上而言都是安全的。不过，我曾经也有过这样一段漫长而痛苦的时光——那时，我总是觉得我什么都是匮乏的。因为那时的我总是追求职业上的成功，总是竭尽全力地想要去把握我发现的任何机会。当然，这段时间比我愿意承认的要长得多。

现在，随着境况的好转，我的心态也在改变——

不过这种对匮乏的恐惧却仍然深深地植根在我心中（是的，写下这句话都让我觉得喉咙发紧）。我们对什么能让我们产生富足心态这个问题有一些先入为主的观念，我们可能认为钱多就是富足，产品销量好就能富足，拥有一栋大房子就是富足。然而，要真正感受到富足（即便是在我们匮乏的时候），我们就需要问一问自己，我们认为的富足到底指的是什么？

对我来说，真正的富足就是有时间去做我真正热爱的事情。

有时间每天写5000字，有时间去亲近大自然。事实上，为了变得越来越富足，你不得不积累财富，获得安全感，这样才有可能获得富足感。

我是个有追求目标的人，不过我不会再以是否实现目标来评判自己的成就了。

小贴士

不要死守规则：如果你给自己设定了太多限制，你就无法拥有富足的心态。由于写作是让我真正感到充实的方式，那我就要确保我写的内容是我想要写的，这将促使我写完一篇又一篇文章。不得不说，这真的让我感觉很自由，让我能发挥想象和创意去创作。

既然我已经知道想要的是怎样的富足，那我就会去创造机会来感受这种富足。例如，我投资并开发了一种有助于随时写作、有助于利用好时间的新软件（而不是随意浏览社交媒体），以确保我可以每天写作 5000 字。

行动起来！

确保你的感恩清单与你的需求同步：如果我认为我有更多的时间，那我就会感恩于自己可以好好写作、在草地上打滚或者做一顿饭。我将感恩之情与我想要的感受联系到一起。

如果能够真正确定让你有富足感的事物，那么无论生活给予你什么你都会有富足感。

○ 第 9 章

你的理想生活是什么样的

欢迎参加我的一个很有趣的、极具挑战性的实践练习——只是有时候很难实施。为什么难以实施？因为这让你放弃期待、责任和先入为主的观念以及偏见，让你可以天马行空地想象。如果你认识我，与我相处时间久了，你就知道，让我发挥想象力不难。给我一个日记本、一支笔和几个小时不受打扰的时间，我就能想到一些最疯狂的想法，并按此做出规划。为什么我能把一群博主聚集到一起的想法变成了一种有利可图的生意？（免责声明：没有什么一夜成功的神话，我花了 6 年的时间才做到。）

我甚至还通过写作赚钱了，我曾出版了一本书，而你手中的这本是我出版的第二本书。从我目前的生活状态以及从业以来从事过的多种副职中，我学到的经验是，你要明白自己想要的生活方式，而且你的工作就是你生活的一部分。工作和生活并不是毫无交集、相互独立的两个世界。

如今，我们每天都要面临居家办公的挑战，我们的生活和工作同样需要我们悉心照料。《工作的艺术：巧工作，深思考，得更多》一书的作者杰森·沃马克也说，为自己计划好理想的生活能让你好好利用自己的时间。他说，一旦你知道自己的理想是什么样子的，你就有了努力工作的目标（要想知道该怎么做，请见下文的“步骤”）。

我的一个朋友正考虑她的职业走向，我近期跟她聊过天，问她在接下来的5年里想要达到怎样的生活水平，想要去哪个国家定居。诚实地说，我很难设身处地地为她着想，因为我有自己的计划，不过我很开心能帮她找到答案。

在我与她聊天的时候，她还告诉我，她与一群商业人士在从意大利回伦敦的途中，一起搭乘出租车。这群商业人士都有两地生活，周一到周五在伦敦工作，周末回意大利看望家人。现在，对于大多数人来说，这都是无法实现且不可持续的一种生活方式。

然而，这些人将工作看得比其他一切都更加重要（他们的工作地点在伦敦）。你可以对价值观念和不可改变的习惯进行排名，即便是最优柔寡断的人，这样做也能帮助他确定适合他的生活方式。我认为，找到适合自己的生活方式，不管是对工作本身还是培养工作习惯都很重要。这时候，你也可能会发现，工作从长期而言是不适合你的。

我相信，每个人都有自己的价值观念和不可改变的习惯，但它们并不能决定你应该做什么工作，或你应该生活在哪里。在我从事培训工作的十余年里，人们的工作、职业和家庭会改变，价值观却很少有变化。

有助于你进行本章结尾的“步骤”的，有两个重要问题：

1. 你最重要的三条价值观是什么？
2. 你最重要的三种不可改变的习惯是什么？

首先，让我们来了解一下这些名词是什么意思。

价值观：价值观通常与你的感受和你生活的各方面有关。比如，我一直以来所秉持的价值观是重视家人和朋友、向往自由。任何有违这些价值观念的工作，都不适合我。

不可改变的习惯：运动、冥想和烹饪是我的一些不可改变的习惯——是我生活的一部分。当然，还有社交和其他事情。这将把我束缚在一个地方（或者靠近这个地方的某处，就我而言，这个地方是伦敦），以便让我有更多的时间去运动、冥想和烹饪。

我以自己为例进行说明只是给你们一个指引。例如，我的一个朋友不可改变的习惯之一就是想要待在阳光明媚且温暖的地方——这就让她无法一直待在伦敦去追求她的事业。

行动起来！

既然你已经完全脱离了“应该或必须”的思维模式，并开始关注自己的价值观念，那么就先写下你理想中的一天是什么样的吧！这样做会很有趣！

首先，请写下你理想中的上午。一定要写得详细一些哦！比如，你会在什么时间起床？住在什么地方？穿什么衣服？早餐会吃什么？是一个人待着吗？工作空间是什么样子？请写下所有的细节——你的工作地点，周围是否有植物，是否有一扇大大的窗户？视野开阔吗？

在你理想的职业生活中，你每天工作多少个小时？会花时间休息吗？如果休息，那么休息的频率有多高？每次休息多久？你理想的一天会在海滩旁度过，还是在林间度过？这一天的生活包不包括上健身课的时间，包不包括与朋友们玩耍的时间？越详细越好。

然后一直写到你的工作日常：用现在进行时写下你完美的工作日状态，就好像你真正过上了这种日子一样。接下来，就请想一想这会给你带来什么样的感觉，你会兴奋吗？你真的能够看到这种生活，感受到这种生活气息吗？请用现在进行时进行表述，这能够敦促你真正采取行动，去过这种想要的生活。

沉浸在这种感受中，将会让你真正对将理想化作现实这件事产生兴趣，然后我们再来看看怎么做才能让你更贴近这种现实生活。

○ 第 10 章

戒掉使用电子设备之瘾

几年前，我刚开始 TED 演讲时，别人要求我就任何我喜欢的话题进行演讲。事实上，我那时根本不知道要讲什么。这就是当人有太多选择时反而会无从可选的案例之一。

然后，我想到了一个话题。

作为创意和创意者集团的创始人，我每天的工作在眼睛一睁开时就开始了：我查看邮件，然后去每个社交媒体平台上查看谁点赞或评论了我们的推文。

在享用早餐之前，我的头脑会一直运转，不停地去思考我当天要发表的内容，以及我想跟我们的6万粉丝分享的内容。

如今，在一般情况下，每个人平均每天要查看200次手机——没错，也就是每六分半钟看一次。

最近一份名为“心理状态”的报告调查了1500名14至24岁的年轻人。有一半的受访者表示，社交媒体加剧了他们的焦虑感。而十分之七的受访者表示，这些平台让他们对自己的外在形象更加不满了。

在一项针对中国的智能手机制造商一加在英国的用户调查显示，年轻人因为下载速度过慢而发火的可能性是老年人的五倍。

这种现象被称作“下载恼怒”，与我接下来要介绍的数据资料有关。有数据显示，五分之二的千禧一代承认有倦怠的症状——包括疲劳、失眠和焦虑——是因为他们过度数字化的生活而引起的。

这种数据不仅会出现在耸人听闻的头条新闻中，它还可以证明我们产生倦怠和焦虑的感觉，是与先进的科技息息相关的。事实上，我们在电子屏幕前的时间，正在影响我们的心理健康。上文所述的一加手机调研显示，年轻人完全知晓他们过度使用手机的情况，甚至有近一半 16 至 24 岁的年轻人称，他们希望减少查看电子屏幕的时间。

大量的数据和研究表明，我们需要用简单的方法来培养我们对自己与手机之间关系的认识。

《一个人的听众：重新掌控创造力》一书的作者斯里尼瓦·饶称，管理我们的输入（我们消费的内容及其数量）对我们的创意输出很重要。“过度的消耗和输入会抑制我们的创意，对我们深入工作的能力产生负面影响，并减少我们的累积产出。”

在上述的那一次演讲之前，我做了一次大胆的尝试，即删除所有的社交和邮件应用程序（APP）。

对我来说，删除邮件 APP 是非常困难的。我甚至认为，删除垃圾邮件都比删除邮件 APP 要容易得多。但是，删除 APP 一周后，我发现事情发生了很大的改变。

科学家发现，每当你在处理工作任务时突然收到了新邮件，你就要花 64 秒才能让你重新专注自己手头上的工作。这一点在我这里也几乎得到了证实。所以，我不再查看手机上幽灵般的通知弹窗，逐渐改变了时间观念。

当你决定在计划好的时间内查看电子设备上的通知和应用程序时，我有以下建议：首先，在与他人沟通交流方面设定恰当的时间（尤其是当你自己经营企业时，这是必需的）；其次，电子设备上的通知和应用程序会提醒你必须要去做的事，对这些事情应保持开放的心态，不要去想会因此错过什么——只想会得到什么就好！

行动起来！

挑战一下你自己，在 48 小时内不接触任何社交媒体。要怎么开始呢？我很高兴你问出了这个问题。拿起你的手机，按住社交媒体 APP 的图标，单击那个小小的“×”，将其删除，然后再删除其他的软件。你可能会发现，删除这些对你的生活根本没什么影响——你可能会作弊，转而使用互联网 APP；你可能会一直坚持，直到找到内心的宁静。这样下去，不久之后，你就不会有“害怕错过”的感觉了。学会错过是一件很酷的事情。

我第一次这样挑战自己是在 2017 年，自那时起，我一直都在努力不让手机控制我的生活，我将社交媒体 APP 藏在了文件夹里，而不是直接放在手机主页上。这是想向你证明我有多么优秀吗？当然不是，亲爱的读者，事实远非如此。这样做是否改变了我和手机的关系？那当然。

小贴士

用 20 秒规则来避免那些不能给你的生活增加价值的社交软件。对那些你不应使用社交软件，设置一点难度，增加 20 秒开启软件的时间。如果你想要减少使用社交媒体的时间，那就从你的手机上删除相应的 APP，这样你就要多花 20 秒的时间去找笔记本电脑，然后才能去登录那些 APP。给打开这些社交软件增加一点不方便，你就可能不会使用了。

怎样减少看电子屏幕的时间？

以前，当人们和朋友出门散步的时候，不需要与电子屏幕争夺朋友的注意力。而现在，在孩子的成长过程中，电子屏幕成为孩子和父母之间一道永远存在的屏障，这被视为一种自然的现象。然而事实并非如此，从人类发展的任何层面上而言，这都不是自然现象。研究显示，手机的存在会让你的大脑分神。

即便所有人都有坚定的意志力和心态，但是找到简单的方法来帮我们重新构建与科技的关系也是很重要的，尤其是在现在这种工作和生活的平衡难以被掌控的时候。

我一直都知道，我与手机之间的关系并不健康。但我没有像其他人一样自我指责，而是开始了探索。我发现，我们总是花大量的时间去玩手机上的游戏和社交 APP 的理由其实很简单——因为这些东西设计出来就是让人玩的，是很容易上瘾的。

电子游戏设计者和《玩：设限的乐趣，利用厌倦和游戏的奥秘》一书的作者伊恩·博格斯特指出，因为游戏里有非常有效的奖励和挑战体系，而这种体系是专门为人类对刺激、肯定和赞许的需求而特别设计的，它们本来就是为了吸引你的注意，让你沉迷其中不可自拔。因此，如果你沉迷于游戏，这不是你的错，你只是被现代的“花衣魔笛手”（欧洲传说中的人物，只要他吹出了特定的曲子，人和动物就会跟着他走）故意引诱了而已。好吧，我还是承认，在这件事情上，单靠意志力对我来说是不够的，我的确想要改善我与手机的关系。我经过长期努力地寻找，终于发现有助于改善我状况的东西就在我的眼前，且令人感到讽刺的是，这东西就是我的手机。

在大部分的苹果手机上（从 iPhone 8 到最新款的苹果手机），你都能发现一种非常简单的设定，就是防沉迷限制。防沉迷限制约束了你每天使用所有或部分 APP 的时间，让你在特定的时间内使用这些 APP。

这能帮我设定更积极、更可持续的屏幕使用时间吗？我很快就开始了试验。我的防沉迷限制设定为周一至周五晚上 10 点开始，并确保在这个时间之后我就不再使用任何电子设备（无论是看电影还是浏览其他内容）。遵照睡前一小时不使用电子设备的规则，我认为如果我的目标是在 11 点左右上床睡觉，那么让我睡前不浏览社交媒体是有益的。

原来，不越过我设置的时限就足够让我不再去滥用社交媒体了。

我的床头柜上总是放着一本书，促使自己在有空时读书，而不是总跟男朋友在手机上聊天。从总体上而言，防沉迷设置很有效——我赢了！

然而，这也是网络跟踪器容易崩溃的地方。你看，我早上起得很早，因为我在寻找刺激，从此可以得知，我自己都不愿承认我的意志力之薄弱。我早上起床并不会马上开始冥想，而是会先花半个小时的时间打开冥想 APP，浏览屏幕。就这样，在一天的第一个小时里，我就只打开了冥想 APP、冥想音频和手机上的有声读物（也包括如地图和信息这些基本的 APP）。

总的来说，创建一种不需要推测和多想的生活惯例，并将我手机和电脑上的 APP 设定为早上 8 点打开，这能帮我简化生活。显然，防沉迷设置是苹果手机固有的功能，我不能确定其他的设备上也有这种设置。但花一点时间设置防沉迷，将有助于你培养积极的工作习惯。

现代科技的快速发展让我们沉迷手机，这并不是你的错，但我们可以尽全力让自己远离这些科技产品。

行动起来！

请花一周时间去查看你使用手机的情况吧！并趁机问问自己，你使用手机是否已经上瘾了？

如果你认为有上瘾的征兆，试着不要总是把手机带在身上，关闭所有的手机提示音，并关掉你的手机应用程序：有这么多刺激，你的头脑会无法冷静下来的。

改变早晚使用手机习惯的一种有效方法就是，睡前把手机放在另一个房间里，而不是习惯性地让手机不离身。养成这样的习惯，可以防止你睁眼的第一件事就是找手机。不妨留意一下，你有多少次是想也不想就拿起了手机？如果你能在手机和现实生活之间创造一些缓冲空间，就对你的心理健康有利。

○ 第 11 章

整理好你的家

你是否经常在清晨查看日程表，且感觉良好？你是否对这一天这么长的时间而感到兴奋？如果你在要见很多人、打很多电话、参加很多会议、处理很多事情时，都有相应的策略，就会有奇迹发生。但是，你会不会觉得惊慌失措，难以承受？老实说，我不喜欢总是要开会的日子，在那些总是要开各种会议的日子里，当我看着那一整天的行程安排时，我的心情就会变得很糟，我总能联想到自己就像被困在笼中的鸟儿一样，漫无目的地盯着玻璃窗，什么事都不能做。“该死，飞不出去！”我听到内心里的小鸟大声咒骂的声音。

在这样的日子里，我总会不由自主地认为，我不可能有空间和时间去主动做什么事情，因为大多数时间里我都要到处跑，去拜访别人，去参加会议。

现在，这种感觉很糟糕，但它也让我更加了解自己：为什么看到日程表上的繁杂事务时我总是抱怨、态度消极呢？我将这种现象称为“时间畸形”。你可能熟悉身体畸形，就是影响自己看到、感知身体真实外观的病症。如今的大多数人，也包括过去的我自己，都低估了自己的工作量，也低估了完成工作任务需要消耗的时长，这确实是一种得到了证实的人性缺陷，特别是对自由工作者来说，他们有无法拒绝工作的焦虑，而他们解决时间焦虑的神奇秘方，就是不停地工作。这也是为什么我们在承担过重的负担的同时，寄希望于未来，期盼着我们能够在未来神奇地解决所有负担。然而，这一切对现在的、真实的、不知所措的我们而言，似乎太过难以承受了。

小贴士

想要让你的日程规划更严谨一些吗？我建议你在每天工作结束的时候做好第二天的日程规划，也许这会让你有点累，但起码比次日上午开始工作时去规划更为冷静切实。而且这时候你也有机会为未来清理出空间，接着去做未完的工作，并积极做到最好。

准确把握时间可能很难——放下手机似乎是很难完成的任务，查看邮件让我们感觉自己在世界之巅，毕竟我们已经习惯了一直在线。正如我们在讨论工作心态时提到的，成功早已被量化，而不是定性的。如果你在读这本书，那就是想找到解决问题的方案。然而若不重新定义成功和时间的观念，那我们就又回到了起点，这一点真的令人感到悲哀。

我们习惯于速战速决（这本身就是个难以捉摸的概念），但我建议你不要马上就跳到“三步走”

的行动中，而是先做一下我在下一章里跟你分享的训练，把其当作热身。我们要处理好与时间的关系，那就要弄明白我们将自己的精力投入了哪里。如果朋友因为很忙而不得不拒绝一个由我提供给他的绝佳的事业机会，我绝对不会因此生气、难过——对方有时不得不通过拒绝我们来保护他们的时间，我们仍然需要充分理解社会的这一大转变。

我尊重别人说“不”这件事，因为这表明他们知道自己的局限所在。如果你也有“时间畸形”的毛病，那能让我们摆脱它的工具是什么呢？很简单：自我认知（以及待己以善）。

以下是我帮客户培养时间观念的一项训练。

行动起来！

选择一件你想做的事，例如，清理电子邮件收件箱，或者写一份提案，然后列出你的下一个任务。首先，确保一次只做一件事，且不是系统化的工作项目（如建立一个网站，或者规划一次社交媒体活动）；如果你不确定任务和工作项目的区别，请查阅下文。

一切都准备好了？那很棒，现在是时候开始享乐了！

· 准备好计时器，统计你完成待办事项清单中的单项任务需要多长时间。

· 任务全都完成好了之后就关掉计时器。

· 这次任务花了你多长时间？

· 你会为时间的长短感到惊讶吗？

做这项训练，认知是关键。

当你在下一次查看新一天的日程安排时问问自己：

· 这项任务需要多少时间才能完成？

· 我该怎样为了减负而调整明天的计划？

如果你因为待办事项清单感到不知所措、注意力不集中或被工作任务压得喘不过气，那你很可能不知道该怎样计划你的时间。

优先做你喜欢的事情

一旦认识到了时间耗在了哪里，你就可以开始做出一些改变，迈出神奇的第一步。重新发挥你的天赋，挤出更多的时间来做你真正喜欢做的事情，但是你仍然要把重心放在需要做的事情上——因为，事实上，在任何工作日里，我们都不得不做很多我们可能并不喜欢做的事情，因为这些事情对我们来说很重要，是必须要做的。因此，提高工作效率，并真正重获时间去做你想做的事情的关键在于，不要想着做得越多越好，而是要在恰当的时间里做恰当的工作，不要耗费大量的时间和精力却只是为了潦草地做完很多事情。

在《高效能人士的7大习惯》一书中，作者史蒂芬·柯维指出，明白什么事情是重要的和真正去做重要的事情有很大的不同。因此，我们要将注意力和精力投入到正确的地方，有意识地确保自己对完成任何任务都充满信心。

他用空罐子装石头的比喻，来向你提问：在你人生中的每一个阶段里，你的罐子是怎样装满的？在人生的空罐子里，你首先应放大石头，它代表我们生命中最重要的事项——睡眠、人际关系、主要的工作任务、家庭责任、其他重要事项等。接下来，我们就要用小卵石、沙和水填补罐子中的空隙——这些代表的就是我们生活中各种各样的小事儿——社交媒体、邮件、生活管理——所有不那么重要的事务。如果我们先把这些小的事物放进了罐子里，那么就没有空间容纳真正重要的“大石头”了。因此，你就要确定，在你的人生中，什么是“大石头”，什么是“小卵石”，并将它们按上述的顺序“放进罐子里”。要简化你的生活，并重新发掘出你的天赋，那第一件事，也是最重要的一件事，就是把它写下来，记录下所有的事。在我的团队中，有一个很有意思的说法：“写下来，不然完成了的事情也不记得。”这主要与各种工作要求有关，不过在培养时间观念这件事上也可以这样做。当你有意识地记录下你在某时段内做了什么事时，就能确定自己的工作模式，真正了解自己的工作习惯。

正如国际绩效改善和质量专家 H. 詹姆斯·哈灵顿说的那样：“评估事物是开始控制的第一步，然后才会慢慢改善。如果你无法评估某事物，那你就无法理解它；如果你无法理解它，你就不能控制它；如果你不能控制它，那你就不能改善它。”

我推荐从有意思的地方开始（我们都喜欢有意思的东西——它们让我们有动力），写下我们的“爱好区”，这一区域包括了你喜欢做的任务以及可以轻易完成的任务，这能让你在一天中能够完成很多的任务。我的“爱好区”就包括写作，演讲，创造内容，研讨和创造数字产品和资源。

你的“爱好区”清单可以尽可能长，不过我发现，大部分人都只列了三到四件他们最喜欢做的事情。相信我，多列一些你喜欢做的事情，感觉会很好！现在，你已经点燃了激情，让我们再来看看怎样才能为你的“爱好区”留出更多的时间。

任何值得做的事情都需要准备，我的“三步走”蓝图也需要做一点准备工作。老实说，如果你要参加10公里的长跑竞赛，却只在赛前跑了两圈，那么你在比赛时就不会发挥太好。使用我这个“三步走”蓝图也是同理。这种策略不是特效武器——你不可能只实施一次就一生无忧了。跟大部分的回顾温习过程一样，我推荐你至少每隔6个月进行一次训练，或者再缩短时间间隔，每3个月一次。

行动起来！

取一张纸。目的很简单，写下你做的所有任务，以及完成这些任务的时间。这还只是第一步。亲爱的读者，我说的“所有任务”就是每一项任务，事无巨细，都记录下来。你记录得越详细，收获的效果就越好。请参阅下文我介绍的这部分内容。

上述内容听起来很麻烦吗？好吧，这才刚刚开始……

小贴士：跟一个朋友一起做这次训练，一起理顺任务清单。他人的观念和想法能够帮助我们明确自己可能忽略掉了的任务。

创建任务清单的方式多种多样。然而，最复杂的是写下你的任务，并记录下这些任务所属的工作领域（如管理、营销、邮件、会议等），以及每周花多少个小时做这些任务。你会发现，这份清单比想的要长得多。我们都会低估一天内要做的任务，以及完成这些任务耗费的时间（关于这一点，我们上文已经介绍了）。

完成清单之后，你就要来查看这些任务，并问一问自己两个最重要的问题：

1. 这个任务是必须要完成的吗?

2. 完成这个任务会让我离自己的目标更近一步吗?

回答分几种情况。

如果你对这两个问题的答案都是否定的，而且你也不喜欢该任务，那就从清单中划掉这项任务。如果它不是必须要完成的，你完成得也不开心，并且它不能让你更贴近目标，那就不值得你为它耗费时间。

如果你对这两个问题的答案都是否定的，但你很喜欢这个任务，那它就该是你的工作任务吗？我的意思是，它就是你在工作时间之内应该做的吗?

有时候，你可能会发现，这些任务告诉了你关于定下目标的一些特征。比如，你喜欢拍照并编辑漂亮的照片，但这不是你的工作职责。那你能将它当作一项业余爱好或副业吗？重要的是，你要确定，如果某件事务经常出现在工作时间之内，那你是否要让它成为事业目标的一部分？如果不是，那么“编辑美照”（或任何有趣的事项）这样的事情就不应该出现在工作任务清单之中。

如果你对这两个问题的答案是肯定的——这项任务是你必须要做的，或者能让你更贴近工作目标——而且你也很喜欢去做，那这就是最好的工作任务！

然而，如果你只有一个问题的答案是肯定的，而你又不喜欢做这个任务，那就要问问自己：

我是否能够通过做些什么来简化并完成这项任务，或将这项任务委派出去？如果有，我应该怎么做？

为每种任务设置三列表格——简化、委托和自动完成——并将每种任务放在其中一列里。如果你认为自己目前无法按表格所列的去做某项任务，那就先将表格放到一边，过 3 到 6 个月再审核一次。基本上，我们总有办法简化或委派工作任务，只是并不总是适合现在就去做。

接下来，我将向你介绍一种能让你利用好事项清单的“三步走”蓝图：

简化。

委派。

自动完成。

第三部分

“三步走”蓝图

我们一直坚持在做的事情定义了我们。

这样看来，

优秀不是一种行为，

而是一种习惯。

——美国作家、史学家和哲学家威尔·杜兰特

○ 第12章

简化工作

不要被日历愚弄了。

一年中的所有日子你都可以好好利用。

有的人一年只获得了一周的价值，有的人却只花了一周就得到了全年的价值。

——《财富心理学》作者查尔斯·理查兹博士

我认为所谓的“稀缺心态”，就是我们缺乏什么就要努力去争取的理由。我们都知道，意志力不是无穷无尽的。《稀缺：拥有更少的新科学，以及它如何定义了我们的生活》一书的作者、行为科学家艾尔达·萨菲尔说过：“大脑的认知能力非常有限。如果你让人一边走一边记7个数字，他们的头脑就够受的了。”

我们每一天都有24个小时，有些真正成功的（且满足的）人只花不到8个小时的时间用于工作。

事实上，工作效率高不高，不在于工作用了多少时间，而是利用好了多少时间。

一直关注自己缺少了什么通常让我们无法走出恶性循环（总是忍耐不平等），这种现象称为“隧道效应”。我们越是感觉自己缺少了什么，就越认为我们的“杯子”是半空的。要让我们觉得自己的“杯子”是半满的，我们需要简化我们做的事情，并重新利用好你认为缺乏的东西（这里指的是时间）。

正如萨菲尔说的那样：“你不能提高你的认知

能力，但可以清理你的心理空间。”遇到挑战的时候，萨菲尔建议，按你平时惯有的节奏去应对，能帮你赢得时间。

小贴士

不忙的时候，留意一下你把时间和精力用在了哪里。你能够简化什么来保证工作顺利完成？

提高工作效率，简化工作安排

我们生活的世界崇尚忙碌，但我们也已经知道了，忙碌并不总是意味着效率高。几年前，我在刚开始从商的时候，加入了“早 5 点俱乐部”。《早 5 点俱乐部》是罗宾·夏尔马所著的一本畅销书，这本书教你怎样利用好早上 5 点到 7 点的这段黄金时间。

不过，我现在已经不再是早 5 点俱乐部的成员了，理由很简单，这太累了。我加入早 5 点俱乐部之后，大部分日子里都是日出而起，待我忙到晚 9 点时早就已经累趴下了。除此之外，我的社交生活也与我早 5 晚 9 的规划不合拍。

那时，我起床很早，一份开始于早上 5 点的日程规划让我觉得很累，因此我把早上的闹铃定在了 6 到 7 点间，这既让我的男友开心，也让我自己变得更加清醒。

我之所以跟你们分享这一点，是因为当我谈论如何充分利用黄金时间段时，对我的观念不屑一顾的人数之多远超我的想象。要利用好“高效时间”，就要凌晨 4 点起床，这会让很多人感到惊恐。虽然我相信海豹突击队（美国最著名的特种精英部队之一）的队员们可能会做得很好，但是我做不到。我相信，你可能也做不到。

每个人的繁忙时间段都不一样。如果你想提高自己的工作效率，那么你是早起一族还是夜猫子一族，你是早上 6 点还是晚上 6 点去跑步，都与提高效率没关系。真正起作用的是，你要弄明白自己一天中最高效的时间段是什么时候，并尽可能根据这个做工作规划——在理想的情况下，你需要保护好生命中的这些宝贵时间。

《吃那只青蛙》的作者、自我成长大师布莱恩·特雷西将这段高效时间称为“黄金时间”：

你固有的黄金时间就是根据你的生物钟来看，你一天中警觉性最高和最富有成效的时间段。

还记得前文里我们说过的“爱好区”吗？现在是时候将你最喜欢做的活动列在前面了。把最重要、关键性的工作安排到黄金时间段，能让我们保持工作动力，稳步前进，而不会感觉难以承受。

也许你可能现在对黄金时间的概念很感兴趣，但仍然不知道自己的黄金时间是什么时候。好吧，就让我来帮助你吧！事实上，能够帮助你的是科学，而我只是它的小助理。

长期以来，科学家们一直在研究人体的自然周期，即生物钟。昼夜规律是用来调节我们的睡眠情况和激素水平的，除此之外，我们还在应对过山车般的次昼夜节律（在此期间，我们的身体逐渐从精力旺盛的状态过渡到生理上的低谷期），周期时长为 90 至 120 分钟。次昼夜节律向我们解释了，为何我们在开始任务的时候精力旺盛且冷静清醒，但两个小时后就会开始浏览社交媒体、寻找食物。

因此，如果我们要按照规律去工作和生活，要怎样才能确定这些规律？社交媒体咨询顾问和工作效率专家尤利娅·亚加诺娃称，你可以花三周时间做一次试验，每过一个小时就评测一下，你的能量、注意力和动力都用在了哪些方面，分数以 1 到 10 来计算。我则为自己如下的一周试验花费了不少心思，我希望它能够帮助你找到你的黄金时间。

行动起来！

取一个笔记本、日记本或文件夹，在里面做每小时规划。创建三列表格，一列代表精力，一列代表专注，一列代表积极性。现在用红、黄、绿对每个小时里的这三种因素进行标记。你能看出你最有精力、最专注和最具积极性的时候吗？这可以清晰地帮助你确定最高效的时间段。你可以在每天的日程表中腾出时间来专注于最重要的任务吗？

还想要进一步做更细致的规划吗？企业家保罗·格雷厄姆介绍了两种不同的工作规划：管理者

规划和工作者规划。

管理者规划是给老板们准备的，传统的日程表就是这种规划的一种表现形式，即以一小时的间隔做工作规划。如果有必要的话，一项任务就要花好几个小时，不过你可以自行改变每个小时所做的事情。

作家、编程人员、设计师和其他创意者需要执行者规划，这种规划是以至少半小时为时间段的。

你可以根据你的职业角色，选择上述两种规划中的一种。但你也可能跟我一样，既是个工作者，也是个管理者。企业的首席执行官、创始人和创业者们需要为会议和制定策略留出一些时间，创造并执行策略也需要时间。一个工作者的过度规划可以毁掉一天的工作，因为过度规划会让时间无法得到合理利用，正如格雷厄姆所说的那样，这样就会降低工作效率。

如果我知道下午的工作会受到打扰，那我早上就不会雄心勃勃地做规划。我知道这听起来有点神经过敏，但如果你是个执行者，你应考虑一下自己的工作情况。你一整天没有别的事情要做，可以自由自在地忙自己的工作，想到这一点难道不精神振奋吗？但是，如果受到了打扰，你就会觉得沮丧。

我有意识地为自己的创作安排时间，因为创作的时候我的思想是自由的，我可以想出各种不同凡响的想法，并探讨实施的策略。通常，如果我更倾向于执行者角色时，我的“超人大脑”就会提醒我，我的工作效率并不高。不过，利用黄金时间的艺术还包括了掌控你的时间规划，而这也是包括休息时间的。

休息时间对你的黄金时间很重要。在黄金时间里，你需要安排一点学习时间，需要安排执行实施的时间，也需要好好休息。你将这三者结合起来，就能够达到最佳的工作效率，而这不需要设置在早晨 5 点的早安铃来提醒你。

与某些人认为的不一样，高效不是时间管理的问题，而是精力管理的问题。高效是一种生活方式，就是让人们学习怎样用最少的精力做出最多的成效。

行动起来！

关于你的工作和效能时间，有什么问题是很需要你去注意的？如果有，你可以养成一种新的习惯，并执行 30 天来挑战自己吗？

我可以给你提供一些建议：

- 每天只查看两次电子邮箱；
- 上班的第一件事就是做你最重要的工作任务；
- 为每天的工作设定严格的结束时间。

“并非所有的时间都是一样的。”我最喜欢的一本书《赢而不输》里曾这样说道。而且，它提出了一种颇具争议的做事方式：把一天的工作压缩到一小时。

欢迎来到专注时刻。

这一做法最不同寻常的地方在于，它听起来比实际上要简单得多。在这一小时里，你不会让诸如不必要的休息、杂乱的房间、电子邮件、社交媒体以及你的孩子在房间里边跑边嚷的声音打扰到你，以至于陷入拖延的漩涡而完不成工作。当你专注的时候，你就会进入匈牙利心理学家米哈里·契克森米哈伊所称的著名的“心流状态[1]”。在这种模式下，人们非常

① 心流状态：心理学名词，指着眼于当下，心无旁骛，全神贯注投入并且享受这种状态。

专注于一种活动，其他的一切似乎都变得不重要了。

我们许多人在小时候玩游戏的时候就体验过“心流状态”：毫不费力就可以专心致志。在现在这个干扰不断的世界里，将注意力从待办事项清单转移到具体的任务执行上，对我们的心灵来说是一种重要的慰藉。“心流状态”的体验与冥想类似，其作用也与冥想差不多。

我相信，当你迸发出创造力或专注力时，一个小时是最有效的——如果你是居家办公，你也可以很轻松地与你的伴侣一起安排这样的时间，协调好养育孩子的事情。这种专注必须是全心投入，不受任何干扰；这种方式则像是锻炼身体一样，要坚持、不停歇。有趣的是，当你不工作、休息得很好时，有助于你更好地完成工作任务（大部分人都想要这样）。

“通常情况下，我们可以保持长达三个小时的专注状态，这期间我们可以好好地考虑，好好地规划，再好好地表达。”罗布·弗莱德曼在接受《哈佛商业评论》采访时这样说。

在这三个小时里，抽出一个小时作为你的“专注时刻”，且完全将其投入到你的“爱好区”中（你现在应该已经明白“爱好区”是什么样了）。

提前规划一个小时不受打扰的时间比规划两三个小时要容易多了，因为这不容易被中断。《福布斯》杂志的马克·墨非称：

当人们可以排除工作中的干扰时，那他们就有67%的可能性会觉得今天是很成功的一天。我们是否经常被干扰，还是可以排除干扰，两种情况下，我们的工作效率是完全不一样的。

如果你为专注时刻做了周密规划，你就会确保大部分的工作都在这一时间段内完成——事实上，你可能要忙着照顾孩子，关照你的同事，甚至还有其他一系列事项。但如果有了不受打扰的时间，你就能享受清静。

我通常是将这一小时安排在上午，不过很多人却发现将专注时刻设定为晚饭后或午饭后很有效。选择一个你确定不会太累，或者有事情必须要完成的时间，或者是你能让别人知道你不方便工作的时间。

我好像听到你在问：“我能在这一个小时里做多少事情？”我通常的建议是专注于一件事，不过你也可以规划做三件事。

行动起来！

安排一个小时去做你当天最重要的任务（或活动）。你可以每天都安排一个小时的“专注时刻”，在完成特定的工作项目时，将它当成一种可以快速上手的技巧来用。

简化日程清单

有能力的程序员很清楚，他们的大脑容量是有限的。因此他们会很谦卑地对待他们的工作，不会耍花招来应付工作。

——荷兰电脑科学家和计算机科学先驱埃兹格·迪克斯特拉

我认为待办事项清单和各种 APP 都没有发挥好记录的作用。当我询问客户和朋友时，我发现，我们之所以不愿意打开待办事项清单，是因为我们通常都会见到一长串今天要做的事情（也许还是延误了很久没做的事情）。这就很像是“先有鸡还是先有蛋”的问题。我们可以抱怨这些待办事项清单都是根据日历来安排的，不过我们也可以辩称，这种方式是职场教给我们的。

我们的待办事项和任务完成与否，看的仍然是完成的期限，而不是看完成后有没有让我们更贴近定下的目标。

不要误解了我的意思，我的意思是说任务分配和截止期限都是需要你去关注的。例如，我就会划分我的时间，以便更好地了解我要在什么时候专注于工作职责的哪个领域。尽管如此，我相信一个基于项目和进程的系统应该是我们生产力阶梯的核心。

我曾向客户还有团队成员建议，他们应该重视处理日常职责清单的方式，包括任务流这一流行的理念。

任务流只需要写下你已经完成的工作，而不是在必须要做的事情上打钩。显然，你需要列一份任务清单，不过你可以在前一天工作结束前，把快到截止日期的任务写到待办清单中。

我先就此测试了一个月，只是想要看看这样做的好处。写下任务而不是划掉任务，这大大降低了我的焦虑，这可能也是本书最重要的一点。

这种技巧也能通过明确下一步行为而减少拖延，尤其是你正在忙着完成包含多项任务的项目时（详情见下文）。

自己亲自测验这一理论，是最重要的一种认知训练，你可以通过这种训练去弄明白自己到底做了多少工作。该系统的核心在于，将工作任务事项细分为非常小的、很容易完成的项目。无论人们是否愿意更换为任务流的模式，我都希望大家去尝试的理由之一就是，让他们去体验完成任务的快感。

小任务、简单的任务更容易完成。完成任务能激发我们的动力。

行动起来！

花一周的时间，将你的待办事项清单变成任务流清单，写下你一天完成了的事项，而不是你必须要做的事项。同时确保你有很多需要完成的事，并且只给那些需要在规定期限内完成的任务加上时限。

任务还是项目？

在工作效率和时间管理方面，我们的探讨还不够。不过在知道有那么多人混淆了任务和项目的概念后，你还是会感到惊讶的。

让我来详细地阐述一下，因为这只是一个很简单的语义学案例。

项目可以是可持续性的事情，也可以是有明确的结果和目标的事情。一些人甚至深入探讨过项目和行业领域的区别，然而我个人倾向于将它们都视为项目。例如，我的团队管理和课程安排是一项持续不断的项目，而建立客服系统只是一时的项目。

既然我们已经清楚了项目是什么意思，那现在就来讨论一下，人们是怎么把这些概念混淆的。

我们大部分人都将项目和任务混为一谈，将一整套项目当作一个任务。从实际的角度而言，写一篇博客文章与建立客服系统完全不是一回事儿，这两者的差别显而易见，不过，人们将大量应该归为“项目”的时间耗在了“任务”上，这一现状令人大开眼界。

行动起来！

看看你目前的事项清单，哪些是一次性的任务，哪些又是项目？将每一事项划入“任务”或“项目”栏中，留意一下你心底里是怎样评估它们的。

从实际的角度而言，我是想给你们一个平台，让你们建立一个标记系统，这样就可以明确特定项目下的任务，将完成了的项目存档。我观察到，许多在写任务清单的人，仍然会写下难以在短期内完成的事项。工作任务选择不当，人就会拖延，理由与把项目当作待办事项的清单所造成拖延的理由一致。

清理收件箱

老实说，有时候你的收件箱就是你的敌人。无论你多么努力，收件箱都是你无法摆脱的沉重负担之一。你可能认为你是唯一一个要面对这个问题的人，但事实并非如此。

当我询问我的团队成员，他们的邮件主要来自哪里时，他们大部分人都回答道：“免费广告。”

“我最初对免费的东西上瘾，而且注册了很多我认为可以满足求知欲的网站。然后我就收到了很多销售相关产品和服务的网站发来的邮件，这让我很受不了。”团队成员温蒂说，“我开始了一场无情的退订行动。我清除了所有不感兴趣的东西，再加上我在电子邮件客户端中使用文件夹，大大减少了收件箱里的垃圾邮件。”

你知道吗，这些未读且不必要的邮件对我们的环境也有影响。在发达国家，平均每人每年因收发电子邮件而给世界增加136公斤的二氧化碳排发量。这相当于一辆小汽车行驶320公里路程的碳排放量。从全球的角度而言，这世界因使用邮件产生的二氧化碳相当于700万辆小汽车所产生的二氧化碳量。如果这还不能改变你的观念态度，让你删除那些没用的新闻和广告邮件，那就没有什么能改变了。

有调查研究显示，我们工作时有28%的时间是用在了处理邮件上，我们有 40% 的人至少每天在工作之外的时间里查看邮箱 5 次。

在大部分时间里，我们的压力都来自自己：我们总是试图一看到新邮件就马上做出回复，并且努力去完成这个近乎不可能完成的任务，只是确保我们可以在一天结束后，清空收件箱。

那么，我现在就告诉你，解决这个问题的方案就是：

是时候完全抛弃“清空收件箱”的想法了。

格洛丽亚·马克发表了很多关于邮件及其与工作压力的关系的研究论文——这些研究大部分都要用到心率监测仪和很多其他的生理数据监测仪。研究发现，人们用在邮件上的时间越多，他们的压力水平就越高。“即便你控制了所有你认为可能影响到压力水平的因素——职业压力、慢性基本压力水准、工作职责、性别——如果你在人们查看邮件的时候去号令他们，你会看到他们的压力水平随之上升。只有当他们关闭了邮箱后，压力水平才会降下来。”

设定时间“界限”：要处理好邮件的问题，你要做的第一步就是，承认你有能力来管理“邮件时间”。

处理邮件的时候，最难以控制的就是时间。现如今，在我们很难与他人面对面交流时，我们就要找到其他的交流方式——邮件几乎是跟团队成员和客户们交流的最好方式。我团队里的大部分成员声明，他们上线处理邮件的时候，都会在签名中注明他们的工作时间。这样，别人就会知道，自己的问题会在什么时候得到回复——尤其是他们的邮件中并没有什么紧急的待办事项的话。无论你是设定自动回复还是编辑签名，创建更合适的时限是最关键的。

时间设定：在处理邮件的时候，做时间设定很有用——因为你查看电子邮件的次数越多，你在电脑浏览器上的页面之间跳转的次数就越多。无论你是用25分钟还是一个小时来处理邮件，规划好回复或发送邮件的时间会让你一整天的工作都变得不一样。

我一直建议你一次只处理一个事项，但是你也可以一次处理三个事项。我喜欢做一件事就要把它做好的理念。另一种技巧就是通过设立单独的电子邮件账户，将必要和非必要的邮件分开。例如，你可以开设不同的邮箱账号，分别接收同事发来的工作反馈邮件和有关酒店折扣的广告邮件。

安排：安排处理邮件的时间，就是一种很棒的方式，让你可以充分利用这段时间去处理邮件（可能是早上或晚上），同时你也可以让邮件接收者及时收到邮件！

这是一种很容易上手的操作方式，跟时间设定结合起来会很有效。在过去，你必须借用其他的工具来做安排；如今，很多邮箱都允许使用者直接从收件箱里完成此设置。

关机：我们总是担心，如果不让电脑保持开机状态，我们将会被时代抛弃。此外，我们还会认为“一直在线”的状态能使我们处于优势地位，但事实上，这种思维对我们提高效率反而无益，而且也不利于开发创意。我们已经习惯了每隔 30 秒查看一次邮件，而这样却阻碍了我们发挥创意潜能。

因此，当你下一次习惯性地点开邮件 APP 的时候，试着休息一下，换一种活动——无论是散步、洗澡或是小憩 20 分钟都可以。如果头脑有了这段休息时间，那么你在重新开始工作时，一定会惊讶于头脑居然可以这么快速地转换过思维来。

优先安排重要的任务，精简工作时间

简化任务这一很容易上手的方法，将大大改善我们处理日常事项的方式。是的，管理工作时间的另一大关键就是安排任务的优先级。当我要求客户根据优先级为任务排序时，通常没有问题，不过，当我查看他们的任务管理系统时，或者将他们的任务排序与他们的实际工作流程进行比较时，你猜一猜，出现了什么情况？

你认为在一天开始的时候，排在最前面的是什么任务？

我想你也猜到了，是“小”任务，是我们可以在10到15分钟内完成的小任务。这是因为它们很容易完成，而且会让我们感觉良好。你知道吗？我们养成任何习惯都有“奖励诱导”。我们每完成一项任务，都像是一次小型的“糖果大战”。这是一种心理状态。

不管这是一个电话，还是一个客户的项目，或者只是一些需要你完成的事情。除了重要的任务，你什么都做。这就是我们感觉自己“富有成效”的方式——从清单上划掉简单的事情，而不是先做真正重要的事情。

小贴士

要想真正进行排序，我们就要切实地写下来。如果你完全按我说的做，拿出笔记本，把最重要的任务写在页面的最顶端。如果你用了任务管理系统，可以用标签。我可以在我现在用的系统中将重要的任务都排在页面的顶端。

批量处理（简化处理）任务的好处

我的确相信意志力的作用，但我也相信，我们需要一些帮助才能够利用好意志力。

批量处理任务可能正是你需要的。这是我从里奥·巴包塔的书《少做一点不会死》中学到的。

还记得我们在上文所说的“糖果大战”小任务吗？

摆脱它们的最好办法就是将它们一次性都处理掉。

这种任务有些是重复性的（通常是你每天都要做的事），就像是你不得不挠的痒痒一样——我们都知道，停下来花时间集中处理小任务，远比在可能的时候一点点地做更令人满意。

“幽灵”任务

如果你在一天的工作之后说过如下的这句话，请举手示意一下：

我今天什么都没有做。

发生这种情况可能有多种原因。最常见的理由是“幽灵”任务（《捉鬼敢死队》主题曲音乐）。这些任务悄无踪迹，因为如果我让你把它们展示给我看，你就哪里都找不到它们。这些任务通常是潜进我们头脑之中的，更糟糕的是通过同事或客户而来的，通常他们还会说“你能不能……”接下来，我们就会将这一任务放在我们待办事项清单的最前列，放下我们正在忙的事情，因为——你猜得不错——我们都认为，这种事不需要多长时间就能做好了……

但是，两个小时后，我们仍然在忙着我们的“幽灵任务”。这一天结束的时候，被延误的工作仍然与这一天刚开始时一样多，也没有对这一天已经完成的工作而感到满意。当我们的大脑习惯了完成任务、核对任务并把它们列成清单的整个过程时，我们就已经开始通过完成工作任务的效率来衡量我们每天的成功。

行动起来！

与其每一天都对大量的“幽灵”任务感到束手无策，不如做一次全新的简单实践吧。每次“幽灵”任务出现在你的头脑中或办公桌前时，先停下来，将它记录下来，并给它设定完成时限。看，出现了一种全新的任务！现在，是时候把它添加到我们的待办事项列表中，并决定它的优先程度了。

批量处理任务的秘诀

就像生活中的大多数事情一样，我们每个人的工作方式都是独一无二的。尽管如此，我们仍然可以说，我们对性别的刻板印象无疑对生产力造成了很大的影响。你不相信？那来看看这一种观念：

女人非常擅长批量处理任务。

哦，不，不，当然不是这样。我们并不擅长这个，只是我们有些人不得不在同一时间处理多项任务。

不要认为女人更擅长批量处理任务——因为在通常情况下，她们只能这样做！我现在重申这一点，批量处理任务的时代已经结束了。现在，由于我们的身体和内心要关注很多内容，因此专注某件事比以往任何时候都要艰难。“一次只做一件事儿”不是最新出现的概念，毕竟我们以前也不是没有这样做过。起码我们小时候就是这样的：我们会花好几个小时做泥巴蛋糕（有时候还会尝尝口味），或者玩拼图和涂色游戏。

小贴士

给任务排序，创造专注的条件，将各种任务分类，你就是在致力于一次只做一件事儿，让工作变得更简单。

恢复一次只做一件事儿的习惯，是我们需要重新学习的。我们不擅长批量处理任务，因此事项之间的过渡是有点麻烦的。我们最后总是会拖延，不能按时完成任务。即便我们可以快速地从上一个任务过渡到下一个任务，但我们的头脑却还在想着上一个任务。这也就意味着，我们并没有全心关注下一个任务。

批量处理任务的理念告诉我们，没有全心关注任务，意味着对任务的认知程度减少了40%或以上。这种情况并没有什么高招可以改变，全在于你的专注度。你可以使用这世上所有的应用程序来提醒自己，但一定要明确你的目标并高度自律，把握好事项之间的自然过渡。

简化工作空间

刚开始使用笔记本电脑时，我主要用它来写作。我给自己设定写作任务，或是随心写作，或是为我“工作”的杂志写作（这个引号用得很好，因为我不会因为这份工作而获得薪酬）。不过，我的办公桌前是我写作的“安全地带”。只要在办公桌前，面对着笔记本电脑，我就能一直专注于电脑中的写作软件，专心工作。

后来，我开始以自由职业者的身份从事社交媒体经理一职，我的“办公桌时间”就变得复杂了起来。我不仅要忙于写作，还要兼顾做规划、制作视觉内容。几年后，我放弃了全职工作，开始了咨询工作，其后重心又渐渐地转向了商业管理、营销、社交媒体等方面。

担任企业的首席执行官后，我认为，管理者的职责要比写作更为重要了。这源自我初入职场时一种根深蒂固的观念——我认为自己不会成为一名专业作家。我先是一名作家，后来成为记者，在这期间，我被告知：

有偿的新闻工作，也不意味着你就得持续做一生，现在的市场太过饱和，你必须无偿工作多年才能获得有偿的工作。

靠当作家来获得持续不断的收入几乎是不可能的。

这样的观点数不胜数。

在过去的10年里，我经常听到别人这样说，因此我把写作当作一种副业也就不足为奇了。渐渐地，我一坐到办公桌前想写作时，就会立即感到不知所措，因为我脑海中全都是别的工作职责，没有精力去思考写作的事情了。甚至我写第一本书也变成了一段漫长且惊险的旅程——以至于我完全毁掉了整个写作过程。

事实上，不再迷恋写作，比其他的大部分经历都更让我清楚地认识了自己。因为命运的捉弄，那些影响了我写作的事业却成了给予我最多写作灵感的事业。

我开始将公关和媒体视为让自己获得更多知名度的一种方式，而获得更大吸引力的有两种主要方式：要么获得别人推荐，要么通过写作来吸引别人。

“嘿，等一等！”我想道，“我知道怎么写出好的内容来！”

因此，我回到了办公桌前，但看着电脑桌面上的空白页面，我又不知道如何开始。

“我难道再也不能写作了吗？”我很焦虑，“我难道没有时间写作吗？我的第一本书难道把我对写作的热情都耗尽了吗？”

在做公关最初的5个月里，我很难熬。我做事情总是错过最后期限，很努力地遵守时间安排，但我真的没什么东西可写。然后我就开始思考：

难道是我所在环境的问题？我是在一种无法让自己集中注意力的环境中工作吗？

我什么事都习惯自助，我知道办公与写作这两件事应该是有联系的，我下意识地把它们联系在一起。办公时，我忙着删去已经完成了的任务，回复邮件和做其他工作。这可不是我专心致志的时间段。为了让自己更高效，并真正完成“爱好区”中的事情，我们需要专心致志。这也是为什么，当我们在做喜欢做的事情时会更专注于手头任务。

我发现，我需要创造工作空间来支持我的“爱好区”。还记得第 9 章里做的想象活动吗？就是你理想中的工作空间是什么样子的。当你想象着自己进入了理想的工作空间时，感受如何？无论如何——你的感受才是最终的目标。

你知道自己已经下意识地注意到周围的一切了吗？

你的家里可能井井有条，但你的工作空间可能多少有点杂乱。这种杂乱对你试图创建的生活方式不利。在你的工作空间里，杂乱就意味着自己做得还不够，需要在这方面下点功夫。

如果有必要的话，请规划一些时间去整理你的工作空间。这样一来，你的潜意识就不会受到干扰，它就不会去关注你所看见的一切，并开始运转处理信息。只保留跟你的工作任务直接相关以及在你工作的时候能够激励你努力进取的东西。

丢弃任何你不想要的文件、书籍和不使用的办公室用品（再见，订书机），还有放在家中的与工作无关的事物。

小贴士

了解更多关于你工作环境的事情。你所在的工作环境是否鼓励人专心做事？还是充满干扰？你需要做些什么来为自己创造完美的工作环境，让你专心完成当日最重要的三项工作？

简化会议

根据软件开发商阿特拉斯公司提供的数据，美国商界为不必要的各种会议而付出的总体开销为

370 亿美元。因此谷歌搜索引擎上搜索最多的关于会议的句子是“开会是在浪费时间吗”就一点也不奇怪了——我这话并不是开玩笑的。亲爱的读者，我们接下来就要说一说这个问题了。

如果你根据自己的计划参与会议，那会很棒。如果你让会议扰乱了工作行程，那你就会落入帕金森定律（官僚主义或官僚主义现象的别称）的陷阱。按照该定律，只要还有时间，工作就会不断扩展，直到用完所有的时间。自疫情发生以来，“变焦疲劳”已经成了一种新的病症。一篇题为《如何像谷歌一样开会》的文章就举出了事例，雅虎前首席执行官和高管玛丽莎·梅耶尔多年来一直坚持着将她的会议规划为以十分钟为间隔的这一习惯。

行动起来！

在下一次开会的时候，为会议创建议题规划，并设定时限。写下你们将要探讨的话题，以及与话题有关的理念，还有会议的总体目标。

如果你感觉会议对你来说是一个痛点，那我建议你在同意参加会议之前重视如下的问题：

我可以优化会议时间吗？

无须说，我首先尝试通过每周仅提供两种会议选项来优化会议时间。参加线上会议时，你可以设定严格的时限。

而参与线下会议时，确保与会时间简短，比你认为的更对你有利。人们专注于一件事情的平均时间为 10 至 18 分钟（有没有想过网上的 TED 视频为什么总是只有不到 18 分钟的时长？）

如今，大部分的会议都是线上会议，然而重要的是，不要低估参与线上会议之前留一点做其他事情的时间的重要性。

如果是面对面的线上会议，你是否需要赶往会议地点？你要是知道，我曾经有多么频繁地急忙出门，坐一个小时地铁，只为赶去参加一场耗时一个小时的会议，一定会感到惊讶的（对于像我这样的人来说，这可是最难熬的）。

这就引出了我的下一个问题……

真的有必要参加这次会议吗？

在召集开会之前，我总是会记录下我们团队是怎样帮助他人的，我们为他人提供了哪些服务，这让我们避免了很多不必要的会议。我问大家，他们想要在会议上探讨什么问题，开会有什么目的，并思考一下，我们关注的问题是否能以一种不开会的方式解决。大多数时候，你并不需要一场 30 分钟的会议，你只是需要更好地了解，该怎样跟他人一起工作。这也是你在工作时经常使用快速通话的原因。

我知道，很多时候拿起手机比用邮箱发一封邮件要容易得多。这也是我喜欢打电话而不喜欢来来回回地写邮件的原因。

小贴士

为电话和会议准备一个日程安排工具，可以帮助你在安排日程表时节省大量时间。所以，拜托，为了对宇宙的爱，投资一个吧。

会议的议程是什么？

我之前就说过这个问题了，这里重申一次。没有目标或议程的会议不是真正的会议。比如，跟企业家同行、同事和朋友约喝咖啡，这不应该被视为会议（这意味着它不会占用你的工作时间）。我喜欢跟行业内的朋友们（我的大部分朋友都跟我是同行）一起聚会，但这并不是会议。

我并不是说，你总是要参加议程高度紧凑的会议。在大部分时候，你需要的只是一个目标。无论你是否希望开始做，还是规划或回顾某事，会议都应该有清晰的议程。

从总体上来说，我仍然认为我们是需要会议的，但是你首先需要多思考一下如何优化会议。这样一来，你就不用再问自己时间都去哪儿了。从人性角度而言，会议是一种与其他人建立联系以及向他人学习的绝佳机会。你若想要高效利用好时间，那第二步就是要优化时间。

○ 第13章

寻求帮助，委派工作

优秀的领导者能够震慑他人，优秀的领导者能够体谅他人。

——《无论何时何地》作者 M.D. 阿诺德

我还记得第一次感受到自己的职业愿望是在10岁的时候。那时，我写下了人生中的第一首诗。虽然不像但丁或彼特拉克那么富有才华，但我认为当时的我已经足够优秀了，我甚至还因它而获得了比赛的奖项。那次的比赛是由一家知名的慈善机构举办的，我不记得是怎么参加的，不过我还记得我在一次慈善活动时站在足球场上接受了那个奖项。我那时的心情很激动——这种感觉能让你的呼吸暂停一会儿，让你露出微笑的神情来，不过只能维持一小会儿。我为自己的作品而感到自豪。8年后，在心理健康状况最糟糕的时候，我再次开始用诗歌来表达内心的想法和感受。

自从我决定当作家之后，创作就是我最爱的事情。高中的时候，老师要我参加当地一些学校举办的诗歌比赛。举办方会把最优秀的作品发表在报刊上，并在公告冠军得主的时候，让获奖者当众朗读。那时，我的诗作可能是唯一可以准确地反映我脆弱的精神状态的东西，我决定远离愤怒和痛苦，把我的感受变成回忆和失落的有力隐喻。我的诗进入了决赛，在接下来的几周内，我反复练习诵读，并做好了当众朗诵的准备。我终于能够与世界分享我的感受了，也可以让其他人通过诗歌来理解我了。

还记得在颁奖礼当天（我说过那天我们要翘课吗？），我很紧张。我非常期待这一刻，但同时又担心我的诗获不了奖。那时候我坐在椅子上，看着朋友们走上颁奖台，朗诵他们的作品。我们很多人都站在那里等，很久都没有宣布冠军。最后，主持人称，他们将要宣布获胜者的名字，然后获胜者也将朗读他的作品。

我现在仍然记得我的文学课老师朝我微笑的表情。我获奖了！主持人念出了我的名字。那时，我站在一小群人前面，准备用自己的语言表达出我的心声。诗歌就能帮我做到这一点。突然间，我感觉热血沸腾，然后又变成了一种温暖的感觉。

看，就是这样！激动。我的眼神中透露出微微的笑意，心底里感觉很激动、很热切。当我忘了自己的使命时，我就会闭上双眼，要求得到更多的激动感。

我认识到，我想要更多的时间为生活而写作。

平时，我不是在忙于处理任务清单上的事务，就是在制订日程规划。我爱我的工作，我爱我的客户和团队。然而，没有什么能比表达自己的心声更激动。不限时写作，在公众面前演讲，庆祝我这一行的进步与发展，这些都让我感到兴奋。

当我优先做我“爱好区”之内的事情时，我也有这种感觉。做优先程度排序时，你首先要简化工作任务，不过，这时候你也需要帮助，这就是“三步走”蓝图中的第二步：你需要有委派的能力。

开始委派工作

许多人都不是天生就会将任务委派给他人的。而且，大多数情况下，委派工作看起来也是在浪费时间（喔，多讽刺）。例如，你可能有一项亟待完成的工作，但把工作委派给他人时，很可能会因为沟通不畅而派不出去。

然而，对任何管理者而言，委派都是必须要学习的关键技能，因为它可以提高团队的工作效率和收入。要想工作质量高，委派工作很重要。我认为，在团队工作环境中，任何人都能因委派工作而受益。

如果你的团队中有成员在某项特定的方面有才干和技巧，那为什么不把相关的工作委派给他？你是公司的管理者，但有时候也要寻求其他团队成员的帮忙。

如果将委派工作视作向你的同事们寻求帮助，你就能知道为什么任何人都能做这件事了。

简而言之，委派工作对你团队的成功很重要，也对你有利，能够让你有条理地完成工作。

管理并协调好分散的团队成员

20 到 30 多岁的员工更重视有意义的体验经历，而不太重视资产，他们希望能够关注对他们的生活很重要的方面。

——艾沃·沙帕尔

当涉及委派工作或与他人合作时，我们所期望的工作方式与一年前非常不同。随着新冠病毒在全球范围内的流行，大多数国家都实施了隔离政策，越来越多的企业和机构都不得不调整工作模式，这些企业机构中的许多人一直在找寻有助于团队中的个人工作的模式（我知道这一点，因为我已经帮助了数十家公司这样做）。

我是最早接受远程工作模式的人之一，因为我们的团队成员都不是本地人，这就意味着，我们每周只能见彼此一次。在过去的几年里，大部分的技术性初创公司，已经采用了灵活的工作模式，我也决定随大流，而且获得了不错的成效。据调查研究表明，自 2005 年以来，居家办公和远程办公者在全球范围内增加了 159%，比其他工作模式的工作者增长快 11 倍以上。当然，我们仍然不清楚，自 2020 年 3 月以来，我们所有非关键员工在从办公室工作（暂时性）转向居家办公模式后的前景会是怎样的。虽然整个团队的成员都住得离伦敦不远，但大多数时候我们都是远程办公的。

每天坐在办公桌前 8 个小时，这听起来一点都不像我的理想生活状态——站立式办公桌和走路开会，是既能激发创造力、又能促进血液循环的天赐之物。

远程办公的主要好处之一就是可以让大家灵活工作。

例如，如果有人为了其他的工作或家庭生活事务需要离开办公室，那么大家都要尝试调整工作，以确保至少有一天大家都在办公室里。这提高了团队成员们的生活质量。例如，这一天能够定在早晨去看医生，或一天中能定好几个小时探望生病的家人，这样我们就不会觉得为了其他琐事而牺牲了工作时间。重要的是，我们不会因为忽视了生活的某些方面而一直怀有内疚感。

做远程领导者就意味着要支持你的团队工作，而不骚扰他们。

过去的一年里，我们每周一召开一次会议，以讨论本周工作内容、计划，以及前一周出现的问题等等。这对确保每个工作人员都有同样的工作愿景产生了深远影响，也减少了无效沟通，并保留了我们在办公室饮水机前简短沟通的习惯，让我们有机会面对面地相见、交流。

我们还确保每天进行一次有明确议程的电话会议（最多30分钟），以便我们处理前一天可能发生的任何问题，明确重要的行动步骤，以及回顾在工作中做得不错的方方面面。与其他会议一样，电话会议也需要做规划，并确保效率。

与传统的办公环境相比，远程办公的工作环境可能需要更积极的协调。传统的办公环境中，你可以去别人的办公桌前解决一个小问题；而远程办公的环境中，任何问题都需要用电子邮件或QQ、微信沟通，这会让人产生距离感。因此，相互沟通是关键所在，不要害怕问问题，你应该主动要求去完成某事，永远不要认为别人会安排好。我知道一些有作为的领导者的经历，我认为有必要与你们分享他们的观念。

入职培训

远程工作的另一项关键技能是，如果你正领导一个团队，在训练团队新成员时，你就需要对他进行入职培训（你自己刚入职时也是如此）。这样，新成员就能够了解并熟悉公司的工作流程，学习有关工作的重要技能，并认识整个公司。教他们使用与工作相关的各种工具，每周跟他们分享团队规划，以及重要的工作任务和时间安排，能够为他们后来的工作节省大量的时间。这些事情看起来很简单，是需要去做的，不过也经常被忽略。

知名按摩师网站的创始者兼按摩师总管凯瑟琳·克莱顿·克鲁克，就主管着一个 6 人的按摩师团队——包括 4 位按摩师，一位足疗师和一位兼职的虚拟助理。

她认为，入职培训是她团队成员要经历的重要活动之一：“在过去的一年里，我做出了这样的安排，就是新入职的按摩师，要通过邮件做入职培训。邮件要向新成员介绍我们使用的软件，我们的工作流程，并以友好的方式告诉他们，我们是怎样合作的，以及我们对员工的要求和期待，还有临床诊疗的具体过程和相应的价值观念。”

她解释道：

作为远程领导者，重要的是要创造一种环境，让新员工和老员工建立直接联系。这样，大家就可以一起学习，一起成长，一起成功。你需要创造一种大家相互依赖的氛围。每个人就任新职位时，对常规的体验和认识都是不一样的，作为领导者，最大的错误在于，你认为的常识，其实并不是所有人都熟悉的。经过入职培训（他们保留以备未来参考），他们就能先了解我们的工作方式，以防因为对工作的期望不同而遇到问题。

入职培训似乎能让新的团队成员对我们这个团队产生归属感，并减少了我们与他们磨合的痛苦。入职培训包括了学习我们使用的在线手册，这减少了很多提问和回答，因为他们可以从手册上轻松找到大多数人入职后出现的问题的答案。

通常，我不会美化这个问题：组建一支远程的工作团队很难。然而，多花一点时间去努力，让这个组建过程变得顺畅不费力，可以对所有参与其中的人产生奇效。如果你在一个团队中工作，并感觉自己没有经历过这一重要的入职培训，那请鼓起勇气去找团队领导，提出要接受培训的要求。对所有员工来说，无论什么时候学习团队工作流程和规则都不晚，这一点不只适用于新员工。就必要的工作流程征询团队意见，是一种很有价值的分享知识的机会，他们能够发现哪些地方可能无效，并为解决相关的问题创造空间，还能增强团队的凝聚力。团队成员间信息的交流、相互的信任和对团队的信任真的很重要，所以请确保你们意识到了这一点。

怎样委派工作，委派什么工作

你可能认为，建立远程工作团队是制定灵活的工作计划的重要部分，但其实最重要的是你与他人合作的方式。在工作团队中，不只是管理者才需要了解分配任务和与他人协调工作项目的重要性。

现在，让你和团队开心的最好方法就是设定正确的工作任务。不久之前，我读过一篇介绍怎样委派问题而不是委派任务的文章。起初，我并不觉得这篇文章有什么过人之处，不过，后来我发现了它的优点。

经历了第一次艰难的就职经历，被安排去做一名虚拟助理时，我认识到，与其考虑我需要委派的任务，不如去了解一下我的问题：我花了太多时间宣传我的作品，而没有时间去真正写作。当你完全投入工作时，你自然会考虑先做重要的任务。不过，委派工作要求你考虑大局以及试图解决的问题。

有时候，你需要获得帮助并不是为了解决什么紧急的任务，而是要解决让你无法专注于最重要的工作事项的其他干扰事务（几乎是你“爱好区”中的任何事项）。

委派工作能帮你找到提供解决方案的人，并让你主动想办法来制定计划，去影响你的工作任务。开始委派任务的时候，你总是倾向于采取小步骤，我总是看到人们进行微观管理。例如，我们的团队成员们是独立工作的，我们把工作项目委派下去，并给予每个团队自主权，让他们自行确定要如何完成工作——包括工作时间和职责划分。

正如效率专家和减肥中心的组织效率高级总监乔丹·科恩介绍的那样：

描述清楚你想要获得的结果，以及获得这个结果的方式……每一步都要指导职员们该怎么走，这就会产生瓶颈。

随着你的成熟和委派能力的提高，你会越来越强烈地需要与你的团队建立更深厚的关系。博翰广告公司的前首席执行官科里·格拉厄姆介绍了在公司取消时间表后公司各团队的情况：

他们看待成功的方式不一样了，他们不再在规定的工作时间内完成任务，而是忙于以简单高效的方式解决工作中的问题，并查验这种简单高效的方式是怎样改变了他们的工作情况，怎样促进了我们的成功。

与他人合作完成工作时，请记住这一点：最优秀的人喜欢解决问题——他们讨厌微观管理（过分关注不必要的细节）。

让其他人积极地帮你解决问题，你的委派技能就会飞速提高。我从未问过我的团队成员们完成某项工作用了多少时间，反而总是要求他们与我分享他们的进步和成功。我很确定，这样做会让我感到欣慰，且这样比微观管理对他们更有益。

委派任务为什么难

委派任务时最主要的阻碍是，委派在大多数时候就是要做到放胆一试——无论是试验我们的钱包，还是试验我们对人对事的控制狂心态。你一定知道委派任务给他人是很重要的，但是我们怎么能在短时间内确定这些新人会响应并支持我们?

委派既是心理投资也是经济投资，就是这么简单。委派任务是关乎信任的事情，信任是难以得到却容易失去的。不过这也是成功的灵活工作机制的核心：公司领导需要信任员工，要相信他们会不受干扰地完成好工作，因此，信任是公司领导和员工们双方都需要学习并重视的一项重要技能。我一旦委派任务不顺利、不成功，等再要委派时就更难了。然而，重新审视我的委派失败经历，我就不再将它当作失败，而是把它变成了一种收获，因为我学到了更多关于商业和如何与员工联络的知识。跟任何人际关系一样，每一次失败都会让你更多地了解自己需要找什么样的人。

诚实地说，我们在选择人生伴侣的时候是相当挑剔的，那么我们在选择每天跟我们相处时间最长的同事时，为什么不同样地挑剔呢？

我还记得我在刚创立公司的时候，整个团队都是由乐于付出时间、不要任何报酬的、充满热情的人组成的（包括我自己）。这是我第一次管理5人团队，他们大部分人都没有什么经验。我那时并不是最优秀的管理者，不过我也要说一句，我当时也没有聘用他人、培训他人或支持他人工作的经验。

无论你是否愿意听，我都要说，管理一个团队很难，做一个好的管理者更是难上加难。一个优秀的管理者需要有耐性（大多数时候是要对自己有耐性）。此外，如果你不只是一个管理者，自己也要投入实际的工作中时，这就更难了——这一点我们之前就说过了。

有了新的工作方式，以及灵活的、远程办公的工作文化，我们很多人都只能站出来，成为自己的管理者。团队的层级越来越不明，团队的工作更多的是要相互支持，相互保持联络。现在，我们很多人都将时间花在了我们的“爱好区”和必做的任务之上了，这也意味着我们的工作正变得越来越不固定。如果你觉得这像是阻止你，让你不要委派任务给他人，那你就大错特错了。

我要声明一点，管理他人（和自己）需要时间。在工作不顺时，所有人都要站出来支持团队、振奋士气，确保你们在事业上有共同的追求，这很难。委派任务的时候，根据你的职位，主要会出现两种情况：你可以直接去找新的团队成员，将某项工作完全外包，或者找助理（虚拟或非虚拟都可以）去委派。当然，如果你是为他人打工，那你对此就没有决策权。

然而，在这里探讨怎样高效地委派任务还是很重要的。大部分人委派任务时都做错了，最终只是给自己增加了工作负担。要高效地委派任务，我喜欢问客户这些问题：

1. 你如何看待能够帮助你实现未来的帮助？
2. 你在哪些领域需要帮助？
3. 你准备好培训新人了吗？
4. 你每周有多少时间需要帮助？

培训过程很重要，尤其是在你想要雇用新人去完成任务，而不是将任务委派给团队的同事时。

如果你的工作需要大量的培训，那你就需要长期在职的团队成员——大多数虚拟助理无须培训，若你们合作顺畅的话，它通常还会给予你指导。

最后这个问题也非常重要，就是你真正需要多少帮助，以及在寻求帮助的时候，你可以找谁？如果你每月需要10个小时的帮助，那你最需要的是助理，而不是团队成员。

行动起来！

向现在的团队成员寻求帮助

如果你是向同事们寻求帮助，而不是作为行业的管理者去聘用新人，我通常会建议你先回答以下的问题。在公司里，谁会帮你处理你的工作？你会做什么去回报他们？

寻求外界帮助

如果你刚开始委派任务，那找助理或是低一级的成员可能是最自然的方式。虚拟助理会对你的生活进行有机安排，并处理掉所有浪费时间的、令人厌烦的（实在不知道有什么更好的语言来形容）和沉闷乏味的工作，让你的生活更简单。当你启动一个额外的项目时，你的同事们会支持你，而团队成员则可以负责公司内特定领域的工作。

在如今这个世界里，社交媒体平台已经成为所有人的简历，在招聘新的团队成员时，技能仍然是最重要的评估因素吗？我本人很清楚想要招揽什么样子的人进入我的团队。在过去，我总认为企业文化不如技能和人数重要——但后来，创造新的工作模式，打破旧的工作模式的，还是企业文化。

在我们需要帮助时，通常只有在最后才会想到招聘新成员——这种方式带来的结果也不好。要确保你的工作梦想成功实现，你应该将聘用新人当作优先的选项。

一旦缩小了搜寻范畴，那就有很多方式来测验你的准下属们。然而，我认为有一种方式被人严重忽视了，那就是把人安排在需要完成工作任务的职位上，并且评估他们的工作效率和工作方式等。如果你在工作方式上给予他们一点指引，并让他们展示给你看他们是怎样处理特定的工作状况的，那就更好了。总体而言，你想要确定自己是否能与他人一起工作，那么看到他们真正的工作状态是最重要的评测方式。

聘用新成员

发布招聘广告。考虑到上述问题，想一想怎样描述你需要招聘的工作职位。它不需要发布在除你能找到人之外的任何地方！

怎样找到合适的人

有很多方法可以找到、审核和批准最适合你需要的职位的人选（即便是在已经存在的团队内找人也有多种方法），不过要记住如下几点。

你必须明确你的愿景、职责和沟通方式：你说话的语气和你想要传达的信息，是你需要在不到一分钟的时间内向陌生人展示的。如果你想聘用新的帮手，这一点尤其重要，如果你现在还无法做到这一点，那你想要雇用别人就还要等等。我的团队寻找的是有趣的、半开玩笑的、有意义的交流。这是令人难忘的，应该会让每个人微笑。对我来说，能够将乐趣带进这个集体的人，我就会留任。

这也就是说——我一直在等着这样的人……

确保企业文化方面的契合度，可能意味着要对有才华的人说“不”：要记住，准员工可能在工作方面表现出色，但他的价值观念与你的团队的价值观念不符，这样的话，你就要将品牌和使命感看得比其他的条件都更重要。

最好是用你自己圈子内的人，无论是工作圈子还是个人关系圈子，都可以。这种观点不止我一个人有。一本介绍招聘和企业文化的书《谁》就招聘这一问题采访过很多首席执行官，其中有70%的人称，聘用他们圈子里的人是他们公司成功招聘的最佳方式。

聘用合适的人的秘诀之一就是要多留意合适的人，而不是等到需要人了再开始努力去找寻，这能让你避免一大堆令你感到不满的人。我的确认为，从助理到团队成员，你想要拉入伙的任何人都需要经过高效审核。

当你找到了合适的人时会怎么样？

活在这个“超级连接”的世界中，我们对进入我们生活中的人是很挑剔的。然而，不知道为何，我们在职业和工作环境中却没有应用这一原则。如果你要去聘用支持你工作的人，就必须要像考虑跟谁交往的问题一样挑剔。

你不会偶然相了一次亲，就把自己家的钥匙给对方的，不是吗？

如果你对上述问题的答案是肯定的，那我们就真的要好好谈谈了。

迎接新人进入职场生活的时候，我总是推荐你先观察观察，看看这个新人是否跟你的文化氛围相符，他真的能帮你节省时间吗？他又是否可以高效工作？

在我的公司里，根据职位不同，新人有 1 到 3 个月的观察期，在进行评估的时候，我们还会问问他们，是否像我们期待他们一样期待留下来工作？就像你不会随意将自家的钥匙给别人一样（我希望你不会），也不要把宝贵的工作机遇马上就给第一个来你这里应聘的人。

我倾向于制作大量可以与新团队成员分享的短视频，因为这样做似乎效果还不错。我还会花一整天的时间去回答新人提出的问题，并给他们提供基本的培训。入职培训不需要太复杂，不过你要给新人提供必要的指导，让他们有一定的自信，去熟悉你所熟悉的工具和工作流程。

行动起来！

建立招聘的工作流程，无须太复杂——只要确保职位招聘广告简洁明确，可以简单介绍你的公司（包括你们企业的目标、品牌和使命），并清楚地说明招聘评估的过程即可。觉得受不了了？用 KISS 方法（保持简短）。找到了合适的人选，就花一周时间进行入职培训，教授给他们基本的知识，对他们进行测验，最后看他们的工作表现即可。很简单。

○ 第14章

运用自动处理工具

坏消息是时间过得很快。好消息是你是掌控者。

——演说家、最佳表现专家和销售专家迈克尔·阿舒乐

放手的作用

你每周会花费多少时间进行任务管理？到目前为止，你应该很清楚每周会做什么工作了。我可以告诉你，几年前，任务管理耗费了我大约40%的时间。

我们需要时间来磨炼技艺——为了让我们的明天比今天更好。如果我们现在不使用可以使用的工具，批量处理某些任务，那么我们就会将它们都推到明天。

我非常相信自动化的力量，但我也意识到，我们倾向于订购那些长期而言不会使用的东西——我突然想起了健身房会员卡上陈词滥调的广告。

首先，回顾你的任务清单，看一看哪些任务是你想要自动处理的。之后，列出你和公司使用的所有自动化处理工具（软件、程序和订制的工具等）。

就跟你笔记本电脑上的标签一样，不同的工具也要求你掌握不同的技能，让你在不同的工作时间处理不同的事情。使用的工具越多，你打开大脑中的“标签”就越多（可能还需要借助“浏览器”）。

如果你需要自己付费使用任何工具，那你还需要进行财务预算。做这些事情时，你需要问一问自己，是否完全认识到自动化工具让你的工作变得更高效、更有条理？

再来说一说健身房会员卡，有多少人办过会员卡但却从未使用过？只有利用好了，你的投资才是值得的。审视每一种工具，并问问你自己：这真的帮我节省了时间吗？让我做事的速度更快吗？让我更高效吗？如果你的答案是否定的，那么你就要从账单中删除这项开支，不要再为它付费了。

如何以有效的方式使生活自动化

自动化设备很棒。还记得我之前提到过，我开设的第一项课程就是“怎样赢回你的时间”？我那时叫我的学生“时间黑客”（我对可爱的名字情有独钟）。

这项课程的大部分内容都是教你怎样自动管理你的事情。因为那时我的事业才刚刚起步，所以我感觉自动化处理是节省时间最具成本效益和最自然的方式（那时我仍然没有将简化和委派加入我的职场生活规划中来，我现在认为，这应该是我6年前还在努力忙于工作的理由）。

你可能已经发现了，简化工作主要是对工作事项进行排序，并找到自己的“爱好区”。委派则是组织管理技巧。这些是我从商8年多以来学到的东西——而我在这个过程中犯了很多重大错误。

这个步骤很容易做，但也相当容易犯错。5年前，我们可使用的工具只有如今的四分之一。我们的选择有限，也没有那么多公司试图吸引我们的注意力。如今有像IFTTT这样的服务软件，可以将不同的服务程序APP连接到一起。这种软件创造了自动化管理的规则，并让不同的软件系统归合到一起。例如，当你收到他人的邮件时，IFTTT 就会自动在你的管理系统中创建一项任务。

我现在使用 10 多种工具（付费和免费的都有）来引入业务、关注销售、经营我自己的业务等。我统计了一下，这些工具每周为我和团队一共节省了约 10 小时 45 分钟。我喜欢我的工具包，它在多年来也改变了不少。

然而，我决定有意识地避免向你推荐本书中的任何特定工具，因为我希望本书会成为你永远的工具书，为你腾出更多时间。

我想和你讨论的是你用来选择工具的标准。重申一次，从我犯的错误中汲取教训，这样你就不会犯同样的错误了。

小贴士

利用这些标准，来向你的上司说明你是否需要某些工具。即便你是自由职业者，也需要假装上司批准。这是一种很好的让你意识到是否真的急需这种工具的方式。

你是否有什么方法可以测验这种工具?

现在的大多数软件都有免费试用版，或提供免费增值服务，让你能够使用软件的部分功能，让你的资料能让一些游客、粉丝或使用者浏览到。我总是建议你们，在长期使用某软件之前，先自己测验一下。

用这种工具要花费什么代价?

好吧，你可能又要叫我“揭短上尉”。不过，客户从不评估使用工具所耗费的成本，这跟我们花在工作任务上的时间，以及聘用他人做同样工作的成本相比，真是低得令人难以置信。

将使用工具耗费的代价和找外援的代价（或者收获了自由时间去关注真正重要的东西）做个简单的比较，我们可以清楚地知道使用工具的价值。例如，让社交媒体为新产品自动推出广告，每周可为你节省两个小时，相当于每月节省 8 到 10 个小时，这是至少一天的工作时间。然后你只要考虑，为了节省时间花费代价获得这项服务是否值得。

用这种自动化工具怎么能让你赚更多钱？

如果你不知道想用工具达成怎样的目标，以及怎样将这种工具与公司的宏观大局联系起来，那就是你的问题了。例如，在社交媒体上分享产品就提高了产品的曝光度，意味着会有新的粉丝来看你的内容。如果你想要售卖你的产品，且你的网站上有明确的广告号召大家使用，那你就可以轻松用网站这种工具获利。

最需要自动化处理的事

邮件

我发现，大多数人都受不了邮件带来精力分散的痛苦，花很多时间去处理都不够。在这一点上，使用工具，并在收到邮件时，将没有用的邮件过滤掉，会帮助你节省一些时间。

小贴士

你知道现在可以根据邮件标题和发送者来自动设定过滤邮件（及做其他处理）吗？我最喜欢做的事情之一就是为我需要处理的批量任务创建邮箱——你可以称之为“本周邮件”或“行动邮件”，并一次性处理邮件中的事项。我一天只处理这些任务一次，以防总是围绕着它们转，扰乱了我的正常工作。

广告宣传

无论是对于企业或团队的内部通讯还是你的最新文章，你都有很多种方法来进行广告宣传。

我在本书中不会介绍任何相关工具，但你可以去网上下载便捷工作簿。

社交媒体

我不是在建议你用机器人或工具来实现自动化成长。不过，你有多种方式可以将最喜欢的文章、资源等发布在社交媒体上，以交叉推销的方式进行推广。我这样做已经超过 6 年时间了，这真的是救命稻草。

付款和开发票

财务问题可能会让你头疼，这就是为什么我强烈建议你从一开始就寻找加速或自动化付款的方法，或将费用归档。

小贴士

尽可能无纸化，现在要做到这一点很容易，从长期来看也能节省大量时间。

自动化实验

每当我指导团队成员并给他们发问答测试卷的时候，总是喜欢为他们设置小小的挑战。我发现，这是测验参与者的一种简单有效的方式，并很容易让所有人都参与进来。在这个过程中，我会列出上文所述的 4 种自动化处理的领域。

当了解他们在工作中有哪些方面是自动化处理的之后，我要求他们将当天的待办事项减半，只做清单上的任务，做完了就停止工作。然后我让他们记录一下按我的要求去做之后发生的情况，并给我列出一些相关要点。结果真是令人大开眼界。

我最喜欢的一条是：“我关掉了我的无线网络，大部分工作任务的完成速度都加快了不少。”

自动化处理就是让互联网为我们所用，这样我们就可以在没有互联网的情况下，享受工作的乐趣。离开互联网——包括你的手机——可能是你专心完成这一天最重要的工作事项或者“爱好区”之内的事项所需要的。

我问了问团队的成员们，他们在一天剩下的时间里都做了什么。他们列举出的活动包括与孩子一起玩耍、为那一周剩下的时间准备餐食、出去跑步、回顾一周工作和郊外散步等。

行动起来！

给自己设定这样的挑战：在接下来的一周里，每天花一个小时不用电脑或手机工作。专注你最重要的任务，以及那些需要你动用才华的任务，并用你喜欢的方式去记录下你的完成情况和感受。

结篇

亲爱的读者，真不敢相信我们已经一起走到了这里。谢谢你跟我一起进行了这一场收获颇丰，但也很艰难的旅程。我希望在这个过程中，你已经清楚地认识了自己，并开始去探索在休假时能做的所有事情。我知道你可能已经开始了我在书中列出的所有步骤，这也是我在网站上为你提供了一整套资源的理由。

我确信，只要你感觉需要重新估测自己的工作量，那你就可以多读几遍本书。现在本书快要结篇了，我想要留一点有价值的内容，跟你分享一下改造休息时间的附加作用：

· 你无须再向朝九晚五的工作中加入更多内容，而是要学着做得更少一些，放慢速度；

· 放慢了速度才能真正掌控你的生活。你会发现，忙碌只是一种防御机制，与你无益的工作模式和观念有关。

· 即使你做得比以前更少了，也依然可以成功，可以获得6位数的工资，也可以获得理想的工作，拥有幸福的家庭。

· 放慢速度，让一切变得更加简单明了：不过，现在你知道了，只要问对了自己问题，你就可以面对任何事情。重新定义成功，并平衡你的能量。

·你现在可以在工作之余花一点时间查看自己的个人状况，关注你的感受。当你学会不再去填补日程表中的空白，就能享受轻松自在的生活。

·忙碌让你无法面对恐惧，因为当你感到恐惧时，所有的事情都会显得紧迫。

平庸者不会关注时间的流逝，勤奋有才的人才会因时间流逝而发愤图强。

——哲学家亚瑟·叔本华

还记得那些能帮你平衡工作与生活的人吗？好吧，他们真是大错特错了，因为——工作与生活的平衡根本不存在。

你的意思是说，工作不是我们生活的一部分，这当然不是真的，因为我们大部分人每周的工作时间长达 45 个小时。

不过，我们仍然能找到工作与生活的平衡。将你的生活视作一个饼分图，工作可能会占据很大一部分，但你能用什么来填补剩下的部分呢？休息、玩乐、冒险、运动、沉思等等。

让你感到舒适且平衡的方法就是用工作之外的事物填满生活的饼分图。

事实上，许多人都希望拥有一种非常不平衡的生活。亲爱的读者，现在不要翻白眼，请听我把话说完。很多人选择一周只工作两到三天，这很好。

实现平衡的真正目的是让你每天都过得幸福，无论这幸福对你来说意味着什么。今天让我感到幸福的事情是长跑，明天可能就是工作上的进步。

重新想一想你认为的平衡的含义，并把握好它，以真正实现每天过得幸福——满足、安详和平衡。

写自希腊海边的结语

海边总让我有一种回家的感觉，可能是因为海边的空气清新，可能是因为海浪的声音动听，也可能是因为生活在海边小镇上的人们的生活简单。靠近海边、脚踏实地的时候，我心情平和。这也是当我意外得知可以去希腊度假时感到非常激动的原因（我知道，真是太幸运了）。

然而，我不得不带着一丝羞愧地承认，我在假期前的最后两天把我的日程安排得不堪重负。是的，就是我，那个写了一本关于怎样改造你的休假时间的女人。这就是冒名顶替综合征。

登上航班的前一晚，我又躺在床上哭了，我（又一次）倦怠了。此外，我也很恼火，因为我的研究没有任何成果。几天后，我坐在海滩上，呼吸着清新的空气，吃着鲜咸的食物，我发现我的心情跟刚开始的时候已经完全不一样了。

当我们放慢速度时，就会发生神奇的事情。我发现我之所以忙碌成瘾，原来也跟一种最原始的感受相关（你可能会争辩说除了爱之外）：害怕，害怕失控，害怕做得还不够。

害怕失去对未来的掌控，是我们所有人内心深处的一种感受。然而，直到现在，我才发现我对恐惧做出的反应：每一次我担心自己可能不够优秀时，我就开始努力做新的尝试，努力去完善自己。

这样，我就感觉我能够控制自己的方向。我对新奇的事物上瘾，面对我试图避免的事情，我需要极大的勇气和坚持，所以我希望你不介意我问你这个问题：

你在恐惧什么？恐惧又是如何阻碍你的？

如果你难以放慢速度，或者在工作结束的时候没有成就感，那你在读过本书后会改变很多观念，让我来提醒你：要取得成功，80% 取决于心态。

我们大部分人都是多虑的人，我们担心未来，担心去不了自己想去的地方——不过你唯一应该考虑的是此时、此地。我想在本书结束的时候提醒你，真正神奇的并不是使用本书介绍的“三步走”蓝图（作者法布说，但用这蓝图也是极好的）。真正神奇的是，你认识到可以放慢速度——是的，你首先需要允许自己放慢速度。我坐在鹅卵石上，在坚硬的岩石上行走到脚发痒，品尝到淡淡的盐味，我知道这是我回顾生活时会珍惜的回忆。让你的生活任由梦想和目标指引——它们会拓展你的生活，让你明白自己想要什么样的生活。我希望你在读过本书后，能够明确你该怎样过上你所期望的生活，这就是一次全新的开始。

毕竟，全新的起点不是一个地方——而是一种心态。

鸣谢

我想要感谢很多人，不只是因为他们的支持，还因为他们持续不断的耐心。写完第一本书后，我错误地认为，我的完美主义倾向会改善一点。不过，急性子的个性再次冒了出来，没有我的家人和朋友，我很难坚持到现在。

非常感谢我的未婚夫和合伙人迈克，他有很强的设计天赋，给了我很大的支持和鼓励。我还要感谢最好的支持者汉娜·华莱士，以及作家同行艾玛·芒福德，他们在整个出版过程中一直给予我鼓励和支持。

当然，我还要感谢我意大利裔的母亲，她不止一次地告诉过我，能够读到（并理解）我的书是多么令人兴奋的事情——她也会无条件地支持我，为我宣传。

还要感谢给予我灵感来写作本书的非凡创意者团队——“创意影响力”团队，你们给予了我巨大的支持和鼓励——就像我也希望每天都能给他们提供支持和鼓励一样。

最后，我还要非常感谢沃特金斯公司的所有成员——尤其是安雅·海斯，谢谢你在本书的发行过程中提供的所有支持，让我实现了人生中最大的梦想之一——成为有著作出版的作者，还有非常优秀的维多利亚·戈登，谢谢她出色的编辑工作。

图书在版编目（CIP）数据

紧急下班 /（英）法布·乔瓦内蒂（Fab Giovanetti）著; 李菲译 . -- 南京：江苏凤凰文艺出版社，2022.11

书名原文 :Reclaim Your Time Off

ISBN 978-7-5594-7090-4

Ⅰ . ①紧… Ⅱ . ①法… ②李… Ⅲ . ①成功心理 - 通俗读物 Ⅳ . ① B848.4-49

中国版本图书馆 CIP 数据核字（2022）第 146591 号

著作权合同登记号：10-2022-239 号

紧急下班

〔英〕法布·乔瓦内蒂（Fab Giovanetti） 著 李菲 译

责任编辑	周颖若
策划编辑	王 薇 刘昭远
装帧设计	吉冈雄太郎
版式设计	姜 楠
出版发行	江苏凤凰文艺出版社
	南京市中央路 165 号，邮编：210009
网 址	http://www.jswenyi.com
印 刷	唐山富达印务有限公司
开 本	787 毫米 × 1092 毫米 1/32
印 张	8.25
字 数	100 千字
版 次	2022 年 11 月第 1 版
印 次	2022 年 11 月第 1 次印刷
书 号	978-7-5594-7090-4
定 价	52.00 元

江苏凤凰文艺版图书凡印刷、装订错误，可向出版社调换，联系电话 025-83280257